褒河蜜橘整装待发，出口俄罗斯

汉台区建军家庭农场猕猴桃示范园

梧凤蔬菜设施产业园无土栽培示范大棚

汉王镇光华村橘园丰收景象

汉王镇汉明千亩橘园

汉中巢林农业公司茭白设施栽培

汉中巢林农业公司生产的莲藕

汉中康田科技公司香菇设施栽培

老君镇鹏鹏家庭农场生产的榆黄磨

河东店镇花果山柑橘喜获丰收

柑橘新品种推广情况介绍

上海青种植管理技术介绍

铺镇皂树村上海青示范园

龙江办黄营村黄心菜示范基地

开展春季园管理现场培训

为高素质农民讲授柑橘种管技术

菁园农场猕猴桃授粉指导

汉王镇柑橘秋季种植现场指导

在汉王镇光华村桃园开展夏季修剪技术指导

在汉王镇汉明村察看柑橘高接情况

汉明村柑橘高接换种情况回访

察看康田公司香菇新品种生长情况

在红成家庭农场指导绿色防控技术

在建新家庭农场开展技术指导

在铺镇元房村开展冬芹菜技术指导

在松涛家庭农场指导早春茬蔬菜育苗

在武乡镇王庄村讲授橘园春季管理

在武乡镇吴庄村葡萄园开展技术指导

举办鲜桃采摘文化节

汉台区特色产业种植实用技术

吴　强　主编

西北农林科技大学出版社
·杨凌·

图书在版编目（CIP）数据

汉台区特色产业种植实用技术 / 吴强主编. — 杨凌:
西北农林科技大学出版社, 2023.11
ISBN 978-7-5683-1313-1

Ⅰ. ①汉… Ⅱ. ①吴… Ⅲ. ①种植业—农业技术
Ⅳ. ①S3

中国国家版本馆CIP数据核字(2023)第204273号

汉台区特色产业种植实用技术
吴强　主编

出版发行	西北农林科技大学出版社		
地　　址	陕西杨凌杨武路3号	邮　编	712100
电　　话	总编室：029-87093195	发行部：029-87093302	
电子邮箱	press0809@163.com		
印　　刷	陕西天地印刷有限公司		
版　　次	2023年11月第1版		
印　　次	2023年11月第1次印刷		
开　　本	850 mm × 1 168 mm　1/32		
印　　张	7.25		
字　　数	206千字		

ISBN 978-7-5683-1313-1

定价：38.00元

《汉台区特色产业种植实用技术》

编写人员名单

主　　编： 吴　强

参编人员： 郭　辉　张亚侠　张晓程　李俊东　赵艳茹

王　梦　柏　宇　杨国兴　陈小兰　王国军

敖义俊　张文顺　董文教　殷晓蓉　石佩佩

吴秀芬　邹文亮　李俊建　张全才　张　进

王笑涯　冯　超

参编单位： 汉中市汉台区蔬菜果品技术推广中心

前言

CONTEMTS

汉台区位于陕西省西南部，北依秦岭，南屏巴山，是自古就有“天府之国”美称的国家历史文化名城——汉中市的中心区，全区辖7个镇8个街道办事处，人口62.05万，总面积556平方公里，是一座具有良好自然环境的生态之城。

汉台区气候温和，冬无严寒，夏无酷暑，动植物生长环境得天独厚，有“天然植物基因库”和“天然药库”之称，是国家级生态示范区和重要的农产品生产基地，被专家誉为地球同纬度生态环境最好的地区。近年来，汉台区立足资源禀赋，大力发展“一区三带五板块”农业特色产业，着力推动都市现代农业发展，为巩固脱贫振兴与深入推进乡村振兴夯实了产业基础。

为持续抓好农村创业致富带头人培训，进一步巩固脱贫成效，深入推进乡村产业振兴，我们组织科技人员编写了《汉台区特色产业种植实用技术》。本书共分四个部分，即蔬菜生产、食用菌生产、果树生产和时令水果生产四个部分，主要介绍常见特色种植业栽培管理技术，内容涵盖汉台区乃至汉中市目前主要的特色种植业。该书对群众发展特色种植业具有很好的指导意义。

由于技术水平有限，加之时间仓促，编写内容难免有误，敬请广大农民朋友及各位技术专家批评指正，便于我们修改完善。

汉台市汉台区蔬菜果品技术推广中心

2023 年 7 月

目 录

CONTEMTS

第一部分　蔬菜生产

第二部分　食用菌生产

第三部分　果树生产

第四部分　时令水果生产

第一部分　蔬菜生产

蔬菜是汉台区传统优势产业，也是汉台区构建“3+X“农业特色产业格局的重要内容。汉台区政府始终高度重视蔬菜产业发展，把大力发展设施蔬菜作为推进都市型现代农业的重要抓手，科学布局，合理规划，强化政策资金支持，加快沿江蔬菜新基地建设，强化生产水利设施配套，有效促进了汉台区农业农村经济发展和农民持续稳定增收。2022 年，全区蔬菜复种面积 11 万亩，总产达 28 万吨，建成蔬菜专业村 35 个、现代农业园区 5 个、设施蔬菜科技示范园 18 个，有效保障了汉台区居民“菜篮子”安全。

汉台区常年种植的蔬菜有 11 大类 50 多个品类，生产上主要推行“春提早”“秋延后”薄膜大棚种植模式，近年来先后推广了多层覆盖促早栽培、膜下滴灌、水肥一体化等先进实用技术，农民种菜科技水平不断提升，生产效益持续攀升。本部分主要介绍 7 种常见蔬菜的栽培管理技术和生产上主推的 6 项实用技术。

第一章　黄瓜设施栽培管理技术

黄瓜（*Cucumis sativus* Linn.）也称胡瓜、青瓜，是张骞经由丝绸之路带入我国后驯化而成，属葫芦科植物，雌雄同株异花。茎有棱沟，上覆白色糙硬毛，卷须细，叶柄粗糙有硬毛，叶片呈宽卵状心形，有齿。雄花常数朵在叶腋簇生，黄白色，花冠裂片长圆状披针形；雌花单生或稀簇生，花梗粗壮，被柔毛，子房粗糙。果实长圆形或圆柱形，表面粗糙。种子小，狭卵形，白色，无边缘，两端近急尖。

黄瓜长久以来一直受到人们的青睐，是汉台区的主栽蔬菜种类之一，其肉质脆嫩，汁多味甘，生食生津解渴，有特殊芳香；含有维生素C、胡萝卜素、蛋白质、钙、磷、铁等人体必需营养素，具有减肥美容作用，茎藤药用，能消炎、祛痰、镇痉。

第一节　种植环境要求

一、温度

黄瓜喜温暖，不耐寒冷。生长适温为10～32℃，白天25～32℃，夜间15～18℃生长最好；最适地温为20～25℃，最低为15℃，最适宜的昼夜温差10～15℃。35℃光合作用不良，45℃出现高温障碍，–2～0℃冻死。若开展低温炼苗可承受3℃的低温。

二、水分

黄瓜喜湿而不耐涝，产量高同时需水量大。一般适宜土壤湿度为60%～90%，幼苗期水分不宜过多，土壤湿度60%～70%为宜；结果期必须供给充足的水分，土壤湿度为80%～90%。

适宜的相对湿度为60%～90%，相对湿度过大易发病，造成减产。

三、光照

黄瓜喜光，耐弱光，属短日照蔬菜，持续阴雨天，光照不足，易柔弱多病并引起化瓜。

四、土壤

黄瓜喜肥而不耐肥，宜选择富含有机质的肥沃土壤。一般选择 pH5.5 ～ 7.2 之间的土壤，以 pH6.5 为最好。

第二节　品种选择及育苗要求

一、品种选择

春提早栽培可选用博春 818、亮优 T60、宝马等，露地及秋延后栽培可选用卓越一号、京研 106、春夏秋丰等品种。

二、育苗要求

春提早 1 ～ 2 月播种，夏秋季 6 ～ 8 月初播种。春播采用浸种催芽后育苗或地膜覆盖直播，夏秋季浸种直播或干种直播均可。

（一）浸种、催芽

将黄瓜种子用 50 ～ 55℃温开水烫种消毒 10 min，不断搅拌以防烫伤。然后用约 30℃温水浸 4 ～ 6 h，搓洗干净，捞起沥干，在 28 ～ 30℃的恒温箱或温暖处保湿催芽，20 h 后开始发芽。

（二）早春小拱棚保温育苗

用育苗杯或苗床育苗，苗龄 30 ～ 40 天（2 片真叶）时定植，于晴天傍晚进行，要注意保护根系，起苗前淋透水，按顺序起苗，做到带土定植，以防伤根。

第三节　生产管理

一、土壤选择和整地

选择土壤 pH（酸碱度）在 6.0 ～ 7.5 之间、富含有机质、排灌良好、保水保肥的壤土，忌与瓜类作物连作，整地采用高畦，畦宽 1.2 m（连沟），畦高 15 cm，南北走向，双行定植，株距 30 cm。

二、水肥管理措施

施足基肥是稳产高产的关键之一。黄瓜对基肥反应良好，整地时深耕，每亩增施腐熟有机肥 2 000 ～ 3 000 kg、过磷酸钙 30 kg 作基肥。植株 2 ～ 3 片真叶时，开始追肥。黄瓜根系吸收能力弱，对高浓度肥料反应敏感，追肥以“勤施、薄施”为原则，每隔 6 ～ 8 天追肥 1 次，亩施尿素 5 ～ 6 kg。卷须出现时结合中耕除草培土培肥，采收第一批瓜后再培土培肥 1 次，亩施复合肥 30 kg，钾肥 10 kg。夏秋季由于气温高，生长发育迅速，生理性衰老加快，降雨量大，肥水流失多。除了施足基肥外，要早追肥。1 ～ 2 片真叶期和采收第一批瓜后各培土培肥 1 次，加强磷钾肥的配肥量，避免黄瓜徒长、早衰。

春播黄瓜苗期要控制水分。开花结果期需水量最多，晴天一般一天淋水 1 次，旱情 3 ～ 5 天灌水 1 次，遇到雨天做好防涝工作。

三、搭架引蔓与整枝

一般卷须出现时需插竹竿搭架引蔓，搭“人字架”或用绳子进行吊蔓。引蔓在卷须出现后开始，每隔 3 ～ 4 天引蔓一次，使植株分布均匀，于晴天傍晚进行。是否需要整枝依品种而定，结果主蔓一般不用整枝；主侧蔓或侧蔓结果的，要摘顶整枝，一般 8 节以下侧蔓全部剪除，9 节以上侧枝长到 3 节后摘顶，主蔓约 30 节摘顶。

四、大棚黄瓜落蔓技术要点

黄瓜落蔓能使叶片均匀分布，保持合理采光位置，维持最佳叶面积系数，提高光合效率，从而可以使长势加强，结瓜期延长。技术要点如下：

（1）在植株生长点接近棚顶的时候及时落蔓，落蔓选择晴暖午后进行，不易损伤茎蔓。切记不要在湿度高的时候或浇水后落蔓，否则会损伤茎蔓，影响植株正常生长。

（2）落蔓前 7 天最好不要浇水，这样有利于降低茎蔓组织的含水量，增强柔韧性，还可减少病源。

（3）先去除病叶、老叶，带至棚外烧毁，避免落蔓后靠近地面的果实、叶片因潮湿的环境发病。

（4）将缠绕在茎蔓上的吊绳松下，顺势把茎蔓落于地面，切忌硬拉硬拽，茎蔓要有序地向同一方向逐步盘绕于栽培垄的两侧。盘绕茎蔓时，要顺茎蔓的弯向把茎蔓打弯，不要硬打弯或反方向打弯，避免扭裂或反方向折断茎蔓。开始落蔓的时候，茎蔓较细，间隔时间短，绕圈小，茎蔓长粗后，落蔓时间间隔稍长，绕圈大，可一次性落茎蔓长的 1/4 ～ 1/3。

（5）保持有叶茎蔓距垄面 13 cm 左右，每株保证功能叶在 20 片以上。

第四节　病虫害防治

一、黄瓜主要病害

（一）真菌病害

1. 黄瓜霜霉病

（1）症状

俗称“跑马干”，主要危害叶片，叶上病斑受叶脉限制呈多角形，黄绿色，后为淡褐色，病斑连合成片，全叶卷缩干枯，潮湿条件下病斑背面长出灰黑色霉层。该病由黄瓜霜霉病菌侵染致病。黄瓜霜霉病菌为专性寄生菌，离开黄瓜植株不能长期存活。各地黄瓜产区均有发生，其中尤以保护地黄瓜危害为重，一般减产 10% ～ 20%，严重的达 30% ～ 40%。

（2）病原菌

鞭毛菌亚门假霜霉属古巴假霜霉菌 [*Pseudoperonospora cubensis* (Berk.et Curt.) Rostov.]

（3）发病规律

孢子囊借风、雨传播，高湿是发病的有利条件，从中心病株形成到扩展全田，只需 10 ～ 15 天就能形成暴发流行。

（4）防治方法

①选栽抗病品种。适合当地栽培条件的抗病品种，如博春 818、亮优 T60、宝马、京研 106。

②加强栽培管理。做好田间温湿度管理，及时通风排水，避免高温高湿。

③药剂防治。保护地采用烟剂防治，发病初期，每公顷用 45% 百菌清烟剂 3.0 ～ 3.75 kg 熏烟，隔 9 ～ 10 天防治 1 次，连防 4 ～ 5 次。露地黄瓜用 72% 霜脲 · 锰锌（克露）可湿性粉剂 700 倍液；或 722 g/L 霜霉威盐酸盐（普力克）水剂 800 倍液；或 68% 精甲霜 · 锰锌（金雷）水分散粒剂 800 倍液；或 64% 噁霜 · 锰锌（杀毒矾）可湿性粉剂 500 倍液；或 69% 烯酰 · 锰锌可湿性粉剂 800 倍液喷雾，隔 7 ～ 10 天喷一次，连喷 3 ～ 5 次。

2. 黄瓜枯萎病

（1）症状

叶片萎蔫、恢复如此反复，少则 2 ～ 3 天、多则 5 ～ 7 天萎蔫叶片不再恢复。病株茎基部变褐色，水浸状，病部表面生出白色和略带粉红色的霉状物，有时病部溢出琥珀色胶质物。儿大以后，病部开始干缩，纵裂如麻状，整个瓜株枯死。病株极易从土中拔出，根部变为黄褐色，腐烂。

（2）病原菌

尖镰孢菌黄瓜专化型（*Fusarium oxysporum* (Schl.)F.sp

cucumerinum Owen.）

（3）发病规律

多在开花结瓜期陆续发病。初时，中午中、下部叶片似缺水状萎蔫，早晚叶片尚可恢复正常，翌日中午再次萎蔫，并且萎蔫叶片不断增多，逐渐遍及全株叶片。连作、土黏黏重、定植时伤根、偏施氮肥或施用未腐熟的有机肥等情况植株发病重。

（4）防治方法

①选种抗病品种。如博春 818、亮优 T60、宝马、京研 106。

②加强栽培管理。培育无病健苗；加强土壤消毒；对已发病的棚室土壤带菌率高，同时难进行 5 年以上轮作时，应进行土壤消毒，用 50% 多菌灵可湿性粉剂每公顷 60 kg，混入适量干细土，拌匀后均匀施入土层中。

③药剂防治。灌根治疗：在田间初见病株时，用 99% 噁霉灵 3 000 倍液、或 50% 多菌灵可湿性粉剂 500 倍液，或 20% 甲基立枯磷乳油 1 000 倍液灌根，每株灌 0.3 ～ 0.5 L。

3. 黄瓜灰霉病

（1）症状

黄瓜灰霉病是黄瓜的重要病害之一，尤其是在保护地发生更重。此病主要危害幼瓜，也能危害叶片、茎蔓。幼瓜受害多由残花先发病，花瓣腐烂，长出淡灰色霉层，并向上扩展至瓜尖至整个幼瓜。幼瓜病部迅速变软萎缩，而后变褐腐烂，表面密生灰色霉层。较大的瓜受害时，组织先变黄并生灰霉，被害瓜受害部位停止生长，腐烂或脱落。烂花、烂果落在茎叶上，引起茎叶发病，病部生灰褐色霉状物，导致叶片湿腐，茎蔓腐烂折断，瓜株死亡。

（2）病原菌

半知菌亚门灰葡萄孢（*Botrytis cinerea* Pers.ex Fr.）。

（3）发病规律

病菌喜低温、高湿、弱光条件。春季阴湿多雨或棚室内湿度大、放风不及时，发病重。

（4）防治方法

①选栽抗病品种。如博春 818、亮优 T60、宝马、京研 106。

②加强栽培管理。阴湿多雨或棚室内湿度大时，应及时放风降湿，减少病菌发生和传播机会；及时摘除病花、病叶、病瓜和无用的花，集中深埋，保持通风透光，棚室清洁卫生。

③药剂防治。发病时应首选烟剂法，采用 10% 腐霉利烟剂或 45% 百菌清烟剂，每公顷每次用量 3.75 kg。二是喷雾法，发病初期用 50% 腐霉利（速克灵）可湿性粉剂，或 50% 异菌脲（扑海因）可湿性粉剂 1 500 倍液，或 50% 乙烯菌核利（农利灵）水分散粒剂 1 000 倍液喷雾。药剂防治要立足于预防发病，预防宜在发病初期进行，每隔 7 ～ 8 天喷药 1 次，连喷 2 ～ 3 次。

（二）细菌病害

1. 黄瓜细菌性角斑病

（1）症状

主要危害叶片，也可危害叶柄、卷须、茎蔓和果实。叶片受害初为鲜绿色水浸状斑，后变淡褐色，病斑扩大受叶脉限制呈多角形，黄褐色，湿度大时病斑背面产生乳白色黏液即菌脓，干后为一层白色膜，干燥时病斑干裂易形成穿孔。叶柄、卷须、茎蔓和果实发病，病斑纵向扩展，病部也可产生菌脓。病瓜后期腐烂有臭味，幼瓜受害常腐烂、早落。

（2）病原菌

丁香假单胞杆菌黄瓜角斑病致病变种 [*Pseudomonas syringae* pv. lachrymans (Smith & Bryan) Yong，Dye & Wilkie]。

（3）发病规律

病菌在种子内或随病残体在土壤中越冬。种子上所带病菌可存活 2 年，播种带病种子引起幼苗发病，土壤中病菌借雨水或灌溉水传播。病斑上的菌脓在保护地条件下借棚顶水滴下落、结露及叶缘吐水滴落传播蔓延。露地栽培条件下借风、雨、昆虫等传播，进行重复侵染。高湿是此病发生的重要原因，低温、高湿、连作发病重。保护地冬春茬或早春茬黄瓜因温室内湿度较大，昼夜温差大，叶面易结露，发病较重且蔓延快。

（4）防治方法

①选栽抗病品种。如博春 818、亮优 T60、宝马、京研 106。

②加强栽培管理。加强种子消毒；培育壮苗；加强轮作倒茬。

③药剂防治。在发病初期用 77% 氢氧化铜（可杀得 3 000）可湿性粉剂 600 倍液；或 57.6% 氢氧化铜（冠菌清）水分散粒剂 800 倍液；或 30% 琥胶肥酸铜可湿性粉剂 500 倍液；或 72% 农用硫酸链霉素可溶粉 2 000 倍液喷雾。每隔 5 ～ 6 天喷 1 次，连喷 2 ～ 3 次。

二、黄瓜主要虫害

（一）蚜虫

1. 症状

瓜苗生长点及嫩叶受害后，叶片卷缩，严重时整个叶片卷成一团，甚至整株萎蔫死亡。老叶受害不卷叶，但叶片变黄，植株长势衰弱，严重时整株干枯死亡，大大缩短结瓜期，严重影响瓜的产量。

2. 防治方法

黄板诱蚜，利用蚜虫对黄色有趋性的习性，在保护地内设置黄板，诱集有翅蚜；也可选用高效低毒农药 3% 啶虫脒乳油 0.6 ～ 0.75 L 或 10% 吡虫啉可湿性粉剂 0.3 kg 进行喷雾。

第二章　番茄设施栽培管理技术

番茄（*Lycopersicon esculentum* Mill.）属于茄科作物，与茄子、辣椒、马铃薯同科，是喜温、喜光性蔬菜，对土壤要求不太严格，要获得丰产，促进根系良好发育，应选用土层深厚，排水良好，富含有机质的肥沃壤土。

第一节　种植环境要求

一、温度

番茄在不同生长时期对温度的要求不同，种子发芽最适宜温度 25 ～ 30℃，最低发芽温度为 11℃，最高为 35℃。幼苗期白天适宜 20 ～ 25℃，夜间 15 ～ 20℃。结果期白天 25 ～ 30℃，夜间 13 ～ 17℃，低于 15℃，高于 35℃不利于开花坐果。

二、光照

番茄在不同生长期对光照的要求不同，发芽期不需要光照，幼苗期光照充足则发育良好，光照不足会影响花芽分化和授粉成功率。结果期光照充足坐果多，膨果快，光照不足坐果少影响产量，持续强光照射会发生果实日灼病。

三、水分

番茄根系发达，吸水能力强。叶片蒸发快，既耐旱又需大量水分。幼苗期生长快，土壤不宜太湿，要控制浇水量；开花结果期需勤浇水，保证 10 天左右浇一次，但切忌大水漫灌造成沤根死棵，开花坐果期浇水不及时或过于控制浇水量，会造成大面积脐腐病发生，土壤过干会造成生理性卷叶。

四、土壤

土层厚、排水良好、透气性强的壤土、沙壤土都可以栽植番茄。

番茄对氮（N）、磷（P）、钾（K）三种主要元素的要求比例是2∶1∶2。氮对茎叶生长和果实发育有重要作用，开花坐果至膨大期，植株对氮的吸收量逐渐增加，结果盛期对氮的吸收量达到高峰。因此，必须对植株及时补充氮肥才能根深叶茂。番茄对磷的要求不多，幼苗期增施磷肥对花芽分化及花的发育有促进作用。番茄属喜钾作物，对钾的需求量最高，尤其在果实膨大期施钾肥可促进果实膨大和上色。

第二节　品种选择及育苗要求

一、品种选择

春季大棚提早栽培选用天正1567、新抗3号。露地和秋延后栽培选用欧诺、吉祥2号、双赢先锋。

二、育苗要求

（一）播种时间

播种日期=定植日期－苗龄天数－炼苗天数。

大棚栽培一般在11月下旬至12月上旬播种育苗，1月上旬分苗，2月下旬至3月上旬定植。

（二）营养土配制

取三年以上不重茬、最好前茬是葱蒜类的优质田园土6份，放在强光下晒干后和充分腐熟（高温发酵，杀灭各种寄生虫卵、病原菌、杂草种子）的有机肥4份进行充分混合，打细，过筛，除去杂物，按每立方米的培养土中掺入氮、磷、钾复合肥0.5～1 kg，再加适量多菌灵或甲基托布津等农药，混匀，用塑料薄膜封闭闷3～4天，然后揭去薄膜，敞晾备用。

（三）苗床预备

1. 电热床育苗

每亩定植田需播种床面积 8 m^2，分苗床 50 m^2。播种床长 10 m，宽 1.2 ～ 1.5 m，用 2 ～ 2.2 m 长的细竹竿拱成高 0.5 ～ 0.8 m 的小拱棚，上覆 2 m 宽薄膜。制作稻草帘，夜间盖在小拱棚上保温，草帘长 1.8 ～ 2 m，宽 1 ～ 1.2 m，厚 3 ～ 5 cm，重约 2.5 kg。将床底整平，铺上 5 cm 的落叶或麦糠等作为隔热层，然后踏平，再盖一层沙子或床土，压实隔热层。然后铺地热线，地热线采用 800 ～ 1 000 kW，每平方米苗床布线 80 ～ 100 W，线间距 10 cm 左右。线布好后，在上面铺 10 ～ 15 cm 厚的培养土，并加以平整，如果是营养钵，则直接放在电热线上，加盖保温材料。为了利于升温、保温，在通电前，必须加盖小拱棚薄膜，晚上加盖草帘。

2. 冷床育苗

基本与电热床育苗相同，不铺地热线。

（四）种子消毒与催芽

每亩定植田需 20 ～ 40 g 种子，把 5 倍种子量的 55℃热水倒入盛有种子的容器中，不停搅动 10 min，当水温降至 30℃时停止搅动，浸种 6 ～ 8 h，再用 10% 磷酸三钠水剂浸泡 20 min，或用 40% 甲醛 100 倍液浸泡 15 min，捞出冲净，包上纱布，然后在 25 ～ 30℃下催芽 4 ～ 5 天。每天将种子包放在 30℃左右的清水中淘洗 2 次，并解开种子包搅动通气。

（五）播种与分苗

常用催芽落水播种（湿播）。将配制好的营养土在苗床中铺 10 cm 厚，浇透水，待水渗完后，将床面水坑处补平，进行播种，在种子上面覆土 1 ～ 1.5 cm（厚度）。在早春育苗时，应立即封闭薄膜，加盖草帘，尽量将温度提高到 25 ～ 28℃，以利出苗。待苗出齐后，降温 2℃左右，避免形成高脚苗。第一片真叶长出后，提高温度促其生长。苗子长到 2 叶 1 心时，进行一次分苗，目的是切断根系，促进侧根的发育，以利根系发达，分苗为 10 cm 见方，以加人营养面积。

（六）苗期管理

苗期加强光照、温湿度、通风炼苗的管理，苗以叶脉和茎秆稍发紫为好。每天早晨9点左右，及时揭开草帘，扫去薄膜上的灰尘，提高透光率。若湿度过大，可通过提高通风排湿或在苗床撒干细土、草木灰降湿。在温度管理上，应按照“三高三低”的原则来管理，即“白天高、夜间低，晴天高、阴天低，出苗前分苗后高、出苗后分苗前和定植前低”。在定植前一周，循序渐进通风炼苗，增强苗子抗逆性，先从背风处通风，由小到大，防止闪苗，禁止冷空气直接吹到苗上，以免形成“扫地风”。在秋延后栽培育苗中，要注意用遮阳网或稻草遮阴，以利保墒和苗子健壮。在栽植前，逐渐撤去覆盖物，增强苗子适应性。

第三节　生产管理

一、定植前各项准备工作

每亩施腐熟有机肥3 000 kg、过磷酸钙50 kg，翻耕30 cm，肥土混匀，并进行晒土。若是连茬，还应每亩撒施150～200 kg生石灰，利于调节土壤pH，防止土传性病害的发生。开展深耕可改善土壤的通气状况，促进土壤微生物的活性，利于土壤养分的分解。晒土可以改善土壤结构，提高保水能力，减少土壤中的病虫，为根系的生长创造良好条件。

采用深沟高畦栽培，一般畦宽（连沟）1.3～1.7 m，其中沟宽为0.3～0.5 m。畦（垄）以南北向为好，植株能均匀接受光照。在高畦中央开定植沟，每亩再沟施厩肥和农家肥200 kg或复合肥40 kg。番茄植株对氮和钾的吸收率为40%～50%，对磷吸收率为20%。氮肥能促进茎叶和果实的生长发育，尤其在植株生长的前期，氮肥的作用更为重要。磷肥对番茄的果实和种子发育起重要作用，对培育壮苗也影响极大。钾肥能促进糖类向果实输送，增强植株的抗病能力，延迟植株的衰老，延长结果期，对改进果实的品质也有良好作用。各种农家肥的优劣次序是：鸡鸭粪、羊兔粪、马粪、牛粪。人粪尿宜与其他肥料搭配使用。无论哪种农家肥，都需要充分发酵腐熟，切忌追施生粪，以防烧根和感染病虫害。

在定植前15天铺地膜、盖大棚膜，以提高地温，促进生根缓苗。覆盖地膜可提高土壤温度，减少土壤水分蒸发，抑制杂草生长，保持土壤疏松等，从而加快栽植后缓苗，促进根系生长，先在高畦上铺上地膜，四周用土盖实，然后按株距挖洞。

定植前每亩大棚用80%敌敌畏乳油250 g拌上锯末，与2 000 g硫磺粉混合，在棚内分10处点燃，密闭一昼夜后放风，无味时定植。

二、定植方法

在距地表10 cm且地温稳定在10℃后定植，对于大棚＋地膜的“粉安娜”春提早栽培，可在2月下旬至3月上旬定植，定植密度：行距60 cm，株距40 cm，每亩栽2 700株左右。定植最好选择无风的晴天进行，利于缓苗。定植前用75%百菌清可湿性粉剂500倍液或50%的多菌灵800倍液喷施苗子。若是连茬田块，每亩用1～2 kg多菌灵或五氯硝基苯，加入干细土200 kg混匀，每定植穴内施40～50 g药土，注意药土不能和苗子直接接触，防止土传性病害。栽苗的方式，按灌水的先后分为“干栽”（即先栽苗后灌水）和“水稳苗”（即先灌水后栽苗）。栽苗时不可栽得过深或过浅。栽得过深，土温低，不利于根系生长，缓苗慢。栽得过浅，土温高有利于根系生长，但扎根不稳，幼苗易被灌水冲跑或被大风刮倒。一般栽植深度以土坨和地表相平或稍深一些为宜。如因苗床管理不当或定植不及时容易造成徒长苗，定植时可进行卧栽，可防止日烧和被风吹倒，并能促使不定根生长。定植结束后，应立即浇定根水，然后闭棚提温促进缓苗。

三、定植后管理

缓苗过后，当棚内温度超过26℃时，要及时通风降温排湿，以防烧苗和徒长，必要时可通风或开天窗，下午4：30以后及时扣棚保温，棚内夜间气温不宜低于10℃。不管是晴天还是阴雨、雪天，都要在早晨揭去草帘，并扫除棚膜上的灰尘杂物，以利透光。

整枝：早春大棚栽培多采用单杆整枝法，留1个主杆，去掉所有侧枝，在主杆上留果，根据栽培茬口、方式不同，留果4～10穗。

打杈：番茄侧枝萌发力强，往往几个侧枝同时生长，为促进根系生长和发棵，最初打杈时间可推迟到杈长3 cm左右，以后可在1～2 cm长时及时抹去。打杈一般与绑蔓结合，注意要在晴天上午打杈，利于伤口愈合，减轻病害侵染，还要注意要先打健棵，后打病棵，以防病害相互传染。

摘心（打顶）：主枝上的果穗长到一定数目时，最顶端的果穗前留2片真叶打顶，称为摘心。摘心后生长点停止生长，能把叶片制造的养分集中到果实上，使果实长得快、大，而且成熟早。

去老叶：番茄生长后期，下部叶片黄化干枯，失去光合功能，影响通风透光，需在晴天上午去掉老叶。

（一）保花保果

越冬茬番茄因低温、高湿和光照不足等不利因素的影响，造成开花不良，影响授粉、受精，从而引起落花落果，不易坐果。为了提高坐果率，增加产量，特别是早期产量，要用番茄灵。

番茄灵：使用浓度20～30 mg/kg，当第一花序有2～3朵花开放时，可用小型喷雾器喷雾，喷施番茄灵见效快，果实膨大速度快，而且不容易引起果实畸形。

（二）疏花疏果

用番茄灵处理花之前，如果每穗花的数量太多，应把畸形花和特小花摘除，每穗保留4～5朵即可。处理后，如果坐果太多，往往会造成果实大小不一，单果重下降，影响果实品质，因此应尽量疏果，一般早熟的品种每穗留果4～5个，晚熟品种每穗留果3～4个。

四、肥水管理

采用高架栽培，留果穗数多的，可在第一、第三、第五、第七穗果乒乓球大小时分别追肥一次。结合浇水每亩可施腐熟粪肥1 000 kg，或复合肥15 kg，或腐熟饼肥50 kg，或草木灰100 kg，或硫酸钾25 kg，或钙镁磷肥25 kg，最好将上述肥料进行交替使用。用0.2%磷酸二氢钾混合1%尿素溶液和3%～5%的氯化钙溶液，每10～15天喷施叶片一次，减少落花落果。

（1）定植时浇透水，勤中耕松土，5～7天后浇一次缓苗水，以后连续中耕2～3次。

（2）进入结果期，要保持土壤湿润状态，土壤含水量要达到80%，低温季节6～7天浇一次水，高温季节3～4天浇一次水。灌水要均匀，避免忽干忽湿。保护地栽培要在晴天上午浇水，浇水后要加大通风量。

（3）空气相对湿度控制在45%～65%。

第四节　病虫害防治

一、番茄主要病害

（一）真菌病害

1. 番茄早疫病

（1）症状

病斑圆形或近圆形，黑褐色，主要危害叶片，有时危害茎秆和果实。

（2）病原菌

半知菌类链格孢属茄链格孢 [*Alternaria solani* (Ell.et Martin) Jones et Grout.]。

（3）发病规律

温度15℃左右，相对湿度80%以上，病害开始发生。高温高湿易发病，番茄进入旺长及果实迅速膨大期和衰老的叶片上易发病。此外，田间管理不当或基肥不足，地势低洼，栽植过密，株间郁闭，植株长势差等，都会诱发病害加重发生。

（4）防治方法

①选栽抗病品种。如天正 1567、新抗 3 号。

②加强栽培管理。施足基肥，适时追肥或使用蔬菜专用肥，做到盛果期不脱肥，提高寄主抗病性。合理密植，及时绑架、整枝和打底叶，利于通风透光。保护地番茄重点抓生态防治，控制温湿度。露地番茄注意雨后及时排水，清除落叶、残枝和病果，结合整地搞好田园卫生。

③药剂防治。防治可用 75% 百菌清或 50% 异菌脲各按 600 倍喷雾防治，也可用百菌清烟雾剂熏棚。

2. 番茄晚疫病

（1）症状

一般晚疫病先从叶缘开始侵入，继而发展成黑褐色大斑，湿度大时叶背病健交界处生白霉。可侵染茎和果实，致茎秆变成黑褐色并绕茎一周，果实发病不变软，初呈油浸状暗绿色，后变为黑褐色。

（2）病原菌

卵菌门疫霉属致病疫霉 [*Phytophthora infestans* (Mont.) De Bary.]。

（3）发病规律

病菌借风雨和浇水传播，晚疫病菌侵入寄主的适宜温度为白天 16 ～ 24℃，夜间 10℃左右，维持相对湿度 95% 以上或水滴 8～11 h的情况下就易发病。多在雨天后盛发，病害流行速度极快，短期内可导致全田流行。

（4）防治方法

①选栽抗病品种。如天正 1567、新抗 3 号。

②加强栽培管理。加强田间管理，施足基肥，实行配方施肥，避免偏施氮肥，增施磷钾肥。定植后要及时防除杂草，根据不同品种的结果习性，合理整枝、摘心、打杈，减少养分消耗，促进主茎的生长；合理密植，根据不同品种生育期长短、结果习性，采用不同的密植方式。

③可用烯酰吗啉500倍液+丁子香酚500倍液，连续喷药3次，每次间隔3～5天，也可用精甲霜灵+代森锰锌800倍液进行防治。阴雨天可选用10%的百菌清烟剂熏烟效果更佳。

3. 番茄绵疫病

（1）症状

初发病叶片发生褪绿病斑，继而水浸状腐烂，有时可见同心轮纹。果实发病多发生在近果顶或果肩部位，出现淡褐色病斑后逐渐呈现轮纹状，湿度大时长出绵状物白霉，病果不软化易脱落。

（2）病原菌

卵菌门疫霉属烟草疫霉（*Phytophthora nicotianaevan* Breda et de Haan）和辣椒疫霉（*P.capsici* Leonian）。

（3）发病规律

高温高湿时发病重。

（4）防治方法

①选用抗病品种。如天正1567、新抗3号。

②加强栽培管理，及时整枝打杈，去老叶，使株间通风；及时清除病果，深埋或烧毁；与非茄科蔬菜实行3年轮作。

③药剂防治。绵疫病可与防治晚疫病用同一类药，也可用甲霜霜霉+琥铜（甲霜铜）喷雾防治。

4. 番茄灰霉病

（1）症状

病菌先侵染花及花柱，然后传染叶片及果实，叶片病菌先从叶尖开始发病呈三角形往里侵入发展，病斑黑褐色，长黑毛，果实发病先从果柄处腐烂产生黑毛。

（2）病原菌

半知菌类葡萄孢属灰葡萄孢菌（*Botrytis cinerea* Pers. Fr.）。

（3）发病规律

阴雨天温度低，棚内湿度大，露水多，发病重。

（4）防治方法

①选栽抗病品种。如天正1567、新抗3号。

②加强栽培管理。发病初期适当节制浇水，浇水后注意放风排湿，发病后及时摘除病果、病叶并加以妥善处理，防止病菌飞散传播。在果实采收后和幼苗定植前彻底清除病残体，清洁田园减少病菌侵染。

③药剂防治：防治灰霉病害可用腐霉利600倍雾防治，烟雾剂可用灰霉斯烟剂熏棚。

5. 番茄叶霉病

（1）症状

主要危害叶片，发病叶片正面出现不规则黄斑，叶背生黄褐斑绒状霉层。

（2）病原菌

半知菌类褐孢霉属褐孢霉 [*Fulvia fulva* (Cooke) Cif.]。

（3）发病规律

温湿度对发病影响较大。湿度是影响发病的主要因素，在高温、高湿条件下，从开始发病到普遍发病只需要半个月左右。保护地过于密植，整枝搭架不及时，浇水过多，通风不良，郁闭、高湿，发病严重。阴雨天气或光照弱时有利于病菌孢子的萌发和侵染。

（4）防治方法

①选栽抗病品种。如天正1567、新抗3号。

②加强栽培管理。控制棚内温湿度，适时通风，适当控制浇水。露地番茄要注意田间的通风透光，不宜种植过密，并适当增施磷、钾肥，提高植株的抗病能力；雨季及时排水，以降低田间湿度；及时整枝打杈，摘除病叶、老叶，增强通风；滴灌可降低棚室内的相对湿度。

③药剂防治：叶霉病最好最安全、无副作用的有榜中榜（10%多抗霉素），喷倾城或叶秀，防治效果非常好，平常预防可用70%甲基托布津或50%多菌灵。

6. 番茄枯萎病

（1）症状

包括立枯、青枯病。枯萎病统一的症状是叶片中午萎蔫早晚恢复，发病严重的很难在早晨恢复并死棵，剖开病茎，可见维管束变褐，水分营养受阻而不能正常输送。

（2）病原菌

半知菌类镰孢霉属尖镰孢菌番茄专化型 [*Fusarium oxysporum* Schlecht. F. sp. *Lycopersici* (Sacc) Snyder et Hansen.]。

（3）发病规律

土质黏重、偏酸，积存的枯萎病菌多的田块，氮肥施用过多，连阴雨后或大雨过后骤然放晴，或时晴时雨天气易发病。

（4）防治方法

①选栽抗病品种。如天正 1567、新抗 3 号。

②加强栽培管理，及时防治害虫，减少植株伤口，减少病菌传播途径；发病时及时清除病叶、病株，并带出田外烧毁，病穴施药或生石灰；选用排灌方便的田块，开好排水沟，降低地下水位，达到雨停无积水；大雨过后及时清理沟系，防止湿气滞留，降低田间湿度。

③种子消毒处理。采用包衣种子播种。

④药剂防治：枯萎病早期预防可喷“溃汰”，一桶 1 包，10 天喷一次，发现病株可用甲基立枯磷 600 倍 + 溃汰 + 妙回田，15 kg 水各加一包灌根预防，也可用络氨铜单独灌根。

（二）细菌病害

1. 番茄溃疡病

（1）症状

主要危害茎和果实，发病多由伤口浸入，病菌在茎皮内部迅速扩散，发展至髓部溃烂变褐色枯死，果实发病果面出现疱疹状略隆起的白色晕圈，也称“鸟眼病”或“圈圈病”。

（2）病原菌

放线菌门棒形杆菌属密执安棒杆菌密执安番茄溃疡病致病变种 [*Clavibacter michiganensis* sub. sp. *Michiganensis* (Smith) Davis.]。

（3）发病规律

感染植株或果实时主要是通过伤口侵入，也可从气孔或果实表面直接侵入。在番茄生长期内，温暖潮湿，多阴雨天气或长时间结露有利于发病，发病后偏施氮肥或大水漫灌，都会导致病害蔓延。

（4）防治方法

①选用抗病品种。如天正 1567、新抗 3 号。

②加强栽培管理。发病初期及时整枝打杈，摘除病叶、老叶，收获后清洁田园，清除病残体，并带出田外深埋或烧毁；与非茄科蔬菜实行 3 年以上的轮作，以减少田间病菌数量。

③种子消毒处理。可用 55℃温水浸种 25 min 后移入冷水中冷却，捞出晾干后催芽播种。

④药剂防治。细菌性溃疡病平常可用叶枯唑预防，发病严重地块可用大良 600 倍加叶枯唑 600 倍防治。

2. 番茄细菌性斑点病

（1）症状

斑点病包括芝麻斑病和斑疹病、叶缘枯病，主要危害叶片，细菌性斑点病叶片常出现较小的圆形或多角形褐色病斑，较密集和透明。

（2）病原菌

丁香假单胞杆菌番茄致病变种 {*Pseudomonas sringae* pv. tomato（Okabe）Young，Dve & Wilkie.]。

（3）发病规律

病菌在种子、病残体及土壤里越冬，并通过雨水飞溅或整枝、打杈、采收等农事操作进行传播；低温多雨及喷灌易发病。

（4）防治方法

①选栽抗病品种。如天正 1567、新抗 3 号。

②加强栽培管理。采用滴灌或沟灌，尽可能避免喷灌。

③种子消毒处理。可用 55℃温汤浸种 25 min 后移入冷水中冷却，捞出晾干后催芽播种。

④药剂防治：细菌性病害可用柔通（绿乳铜）600 倍喷雾也可用大良 600 倍喷雾，可兼治细菌性软腐病。

（三）番茄病毒病

6种类型：花叶型、蕨叶型、卷叶型、黄顶型、巨芽型、条斑型，主要防治花叶型和条斑型病毒。

（1）症状

叶片显黄绿相间或深浅相间的斑驳、或略有皱缩现象；叶片发生褐色斑或云斑、或茎蔓上发生褐色斑块。

（2）病原菌

番茄病毒病的病原主要有烟草花叶病毒（TMV）、黄瓜花叶病毒（CMV）、苜蓿花叶病毒（AMV）三种。

（3）发病规律

病毒病除种子带毒外，一般有蚜虫、飞虱、蓟马等害虫为病毒传播媒介。

（4）防治方法

①选用抗病品种。如天正 1567、新抗 3 号。

②加强栽培管理。病毒病要彻底清除田园附近杂草，消灭棚内外昆虫。

③药剂防治。种子消毒可用 10% 磷酸三钠浸种 45 min 后用清水冲干净捞出，晾干后催芽。病毒病发生后，可用抗毒丰（5% 菇类蛋白多糖水剂）300 倍加小叶敌 500 倍混合硕金 808（0.1% 芸苔素内酯）防治效果非常好。

二、番茄生理性病害

1. 番茄脐腐病

（1）症状

果实脐部发生水浸状腐烂，属生理性病害。

（2）病因

水分供应失调、缺钙、缺硼等原因。

（3）发病规律

大棚内土壤长时间干旱，尤其是在开花坐果期不及时浇水时，会造成大面积脐腐果的发生。另外，土壤缺钙也是造成脐腐病的重要原因，会出现生长点坏死，果实发生脐腐。

（4）防治方法

药剂防治：对因缺钙引起的脐腐病，喷施1%的过磷酸钙，或者0.1%硝酸钙及爱多收6 000倍液，每隔10天喷1次，连续喷2次可取得较好的效果，也可结合灌溉，每亩冲施10～15 kg的硝酸钙，同时，叶面喷施硼肥能增强番茄植株对钙的吸收（硝酸钙不能与含硫农药及磷酸盐混用）。

2. 番茄缺素症

（1）缺氮：老叶褪绿变黄色或淡绿色，植株生长缓慢。

（2）缺磷：茎、叶脉间褪绿变紫红色，幼苗生长受阻。

（3）缺钾：老叶叶脉间褪绿，叶缘变黄或卷曲，果实上色慢。

（4）缺镁：叶脉间褪绿生长密集黄斑驳叶，老叶尤为突出。

（5）缺钙：生长点嫩叶干枯，产生脐腐果。

（6）缺硼：易造成生长点变黄或坏死，难坐果，易裂果。

（7）缺铁：幼叶叶脉间褪绿变黄，叶脉仍保持绿色。

第三章　辣椒设施栽培管理技术

辣椒（*Capsicum annuum* L.）果实色泽鲜艳，风味好，维生素C的含量丰富，在本地的栽培面积较大，是主栽蔬菜品种之一，其丰产栽培技术如下。

第一节　种植环境要求

一、温度

温度的要求介于番茄和茄子之间。种子发芽适温为23～30℃，低于1～5℃则不能发芽。辣椒幼苗要求较高的温度，温度低，生长缓慢。开花结果初期白天适温为20～25℃，夜间为15～20℃，结果期土温过高，尤其是强光直射地面，对根系生长不利，且易引起毒素病和日烧病。

二、光照

辣椒是中性植物，光照时间长短对花芽分化和开花无显著影响。短日照和适度光强能促进花芽分化和发育，如光照不足，坐果率低。

三、水分

土壤含水量相当于田间持水量的55%，设施内空气湿度以80%左右为宜，不耐涝也不耐旱，保护地栽培进入结果期要小水勤浇。

四、土壤

对土壤条件要求不严格，以肥沃的沙质壤土更为适宜。

第二节 品种选择及育苗要求

一、品种选择

汉台区适宜的主栽品种为苏泡8号、条椒18号、绿陇168螺丝椒等。

二、育苗要求

（一）育苗方式

1. 苗床撒播育苗

指选择2～3年没有种过茄果类蔬菜的地块，做成0.7～1.2 m宽的育苗床，在苗床上撒播种子进行育苗的一种传统育苗方式。

2. 营养钵育苗

指将配制好的营养土装进不同规格的营养钵（6.5 cm×6.5 cm或8 cm×8 cm），将种子播于营养钵内进行育苗的一种较现代的育苗方式。

3. 穴盘育苗

指将专用育苗基质装进不同规格的穴盘（128穴、72穴、50穴等）内，将种子播于穴盘内进行（工厂化）育苗的一种现代化的育苗方式。

（二）种子处理

1. 温汤浸种

将种子放在5～6倍于种子量的50～55℃的温水中浸种15～20 min，不停搅拌，直到水温降至30℃止，继续浸种4～6 h。

2. 化学药剂浸种

（1）将种子放在10%磷酸三钠溶液中浸种20～ 30 min，或放在40%甲醛（即福尔马林）150～300倍液中浸种30 min，或放在1%高锰酸钾溶液中浸种20 min，可防病毒病。

（2）将种子放在冷水中预浸10～12 h后，再用1%硫酸铜溶液浸种5 min，或用50%多菌灵可湿性粉剂500倍液浸种1 h，或用 72.2% 的普力克水剂 800 倍液中浸种 0.5 h，可防疫病、炭疽病等病害。

（三）种子催芽

一般是将经消毒处理的种子放置于 25 ～ 30℃条件下催芽（前期温度可达 30 ～ 35℃，后期温度 25 ～ 30℃），种子露白后应停止催芽，及时播种。

注：若不能及时播种，应将种子放于冷凉处（5 ～ 10℃）控芽。

（四）苗床及培养土准备

1. 苗床选择和土壤要求

选背风向阳，地势高燥，排水良好，2 ～ 3 年没有种过辣椒、茄子、番茄、马铃薯、烟草和瓜类的地块作苗床。要求土壤肥沃、疏松、富含有机质；具有良好的团粒结构，保水、保肥能力强，排水好；土壤 pH 为 6.5 ～ 7，无病虫害的沙壤土。

2. 培养土准备

（1）普通用培养土：一般自配，采用完全腐熟的农家肥和 2 ～ 3 年未种过茄果类蔬菜的菜园土按 1 ∶ 2 ～ 3 的比例混合均匀配制而成。培养土厚 10 cm，每平方米 100 ～ 120 kg。

（2）育苗专用基质：用草炭土、蛭石、珍珠岩等按比例配制的专用育苗培养土。

3. 床土消毒

（1）播前 15 天左右用 40% 甲醛（福尔马林）兑水 50 ～ 100 倍喷洒床面，每平方米用药水 150 mL，然后用塑料薄膜将床土表面盖严。闷 5 ～ 7 天后除去覆盖物，耙松土壤，放气 5 ～ 7 天，即可播种。

（2）用代森锌 200 ～ 300 倍液或多菌灵或托布津或敌克松 500 倍液等防病药剂，加入防虫药剂如辛硫磷 500 倍液或敌敌畏 500 倍液于播前 3 ～ 4 天进行土壤消毒。喷药时使药液浸入地下 3 cm 深土层。喷药后盖严塑料棚或用薄膜盖严密闭 2 ～ 3 天，杀死病菌和害虫。

（3）种子垫土盖土消毒：50% 福美双与 50% 多菌灵 1 ∶ 1

混合，按每平方米苗床用药 8 ～ 10 g 与 20 kg 半干细土或培养土混匀，播种时 1/3 铺在苗床上作种子垫土，2/3 盖在种子上作盖土。

（五）播种

冬苗：11 月上旬至 12 月中下旬塑料薄膜小棚或大棚育苗。

春苗：元月下旬至 2 月中旬塑料棚冷床育春苗。

用种量和播种量：每亩 50 g，每平方米 4 ～ 8 g。

1. 出苗前

要求保温、保湿。播后温度控制在 25 ～ 30℃。

2. 出苗后

（1）苗出齐到第一片真叶显露（破心），适当降温，白天 15～20℃，夜间 12～16℃，防止幼苗胚轴徒长，避免成为"高脚苗"。

（2）从幼苗破心至移栽前。适当提高温度：白天 20 ～ 25℃，夜间 15 ～ 18℃，尽量增加光照，使幼苗生长健壮。

（3）冬季注意防寒保温，保持表土干燥，底土湿润，宁干勿湿，使幼苗生长健壮。立春后天气转暖，水分散失快，应及时浇水，通风透光；寒潮来时要保温防冻。

3. 炼苗

定植前 7 ～ 10 天进行，大、小棚边窗和顶窗薄膜揭开。注意通风要循序渐进。

第三节　生产管理

一、整地施肥

（一）选择土块

按 3 ～ 4 年轮作原则不重土，选地势较高，土层深厚，保水保肥的壤土或沙壤土地块种植辣椒。忌连作，也不能与茄子、番茄、马铃薯、烟草等同科作物连作。

（二）深翻炕土

秋冬季节将土壤深翻 25 ～ 30 cm，改善土壤理化性质和杀死土中病虫。

（三）施足基肥与整畦

一般在定植前 7 ～ 10 天，每亩施充分腐熟有机肥 3 000 ～ 5 000 kg，过磷酸钙 50 ～ 100 kg，硫酸钾 20 ～ 30 kg，或充分腐蚀的饼肥 50 ～ 100 kg。有机肥撒播地面，深翻 25 cm，整地作，畦宽一般是 1.3 ～ 1.7 m（连沟）栽植 2 ～ 3 行。

二、定植

（一）适时定植

露地定植宜在晚霜结束后，当 5 cm 地温稳定在 13 ～ 15℃时定植，或平均气温 15℃时定植，我区一般在 4 月上中旬。幼苗具有 6～7 片真叶时定植为宜。壮苗标志: 根系发达，白根多; 茎粗壮，节间短；子叶完整，叶片肥厚，色深绿；植株无病虫害。

（二）合理密植

一般株行距为 30 cm × 60 cm，窝植 2 株。亩窝数为 3 600 窝。定植以土温 15℃以上为宜，土温低过早定植，造成生长缓慢落花，达不到早熟目的。

三、定植后管理

（一）追肥、灌排水

定植后要抢晴天追施提苗肥，每次用量不能过多或过浓，否则易引起徒长，推迟开花结果。等一、二层着果后，追施较多肥料，促进果实长大。果实开始采摘后，要求土壤肥水充足，才能正常生长和结果。如果在浇水后土壤未干爽前就接着下大雨，落叶和死株现象就会相当普遍，特别是在初伏至立秋时节最为突出。因此，在灌溉时，一定要根据大气预报决定灌溉时间。灌水深度以不超过畦沟的 3/4 为宜，并要在晚上或清晨进行，同时要急灌急排。（生产中不应使用城市垃圾、工业废渣和未经无害化处理的有机肥）。

（二）整枝

要及时打除脚芽（首花节位下主茎上萌发的侧枝）。植株封行后其下部老黄叶、病叶应及时清除，集中深埋或烧毁，减少病虫滋生蔓延。

（三）落花、落果、落叶的发生和防止

辣椒的落花、落果与落叶现象对产量影响很大。落花率一般可达 20% ～ 40%，落果率达 5% ～ 10%，温度过高或过低，辣椒授粉、受精不良是引起落花的主要原因。春季早期落花的主要原因：低温阴雨，光照不足，影响了授粉、受精的正常进行；另一方面，栽培管理不善。如施肥过多，植株徒长，栽植过密，通风透光不良或氮、磷缺乏等，会引起落花、落果。土壤水分失调，过湿、过干或涝渍，妨碍根系生长，引起落果、落叶。此外，一些病害，也会引起落花、落果，要及时开展植株调整，尽早抹去基部侧枝，老、黄病叶要及时摘除，如植株密度过大，在发出的两杈中留一杈去一杈，控制生长。

第四节　病虫害防治

一、辣椒主要病害

（一）真菌病害

1. 辣椒疫病

（1）症状

危害苗、叶、茎、果。被害苗猝倒或立枯状。果实多从蒂部始病，初水渍状暗绿色不规则形，全果发病后暗绿至暗褐色，果肉软腐，果形不变不掉落，潮湿时白色至污白色粉状霉。

（2）病原菌

卵菌门疫霉属辣椒疫霉（*Phytophthora capsici* Leonian）。

（3）发病规律

高湿高温多雨、排水不良、种植过密易发病。

（4）防治方法

①选栽抗病虫品种。如条椒 18 号、绿陇 168 螺丝椒。

②加强栽培管理。严格实行轮作；合理密植，科学施肥，及时灌水排水，清洁田园摘除病叶。

③药剂防治。用 58% 雷多米尔锰锌可湿性粉剂 500 倍液，喷洒植株下部及周围地表，7 天后用 75% 百菌清可湿性粉剂 600 倍液喷雾。二种药交替使用 1 ～ 2 次。也可用 90% 乙磷铝 500 倍液或 69% 安克锰锌可湿性粉剂 1 000 倍液，或 72.2% 普力克水剂 600 倍液，或氟啶胺 2 000 倍液（商品名：福帅得，日本产）喷雾，每隔 5 ～ 7 天，不同药剂交替防治。

2. 辣椒炭疽病

（1）症状

果实受害初现水渍状黄褐色圆斑，斑面上有同心轮纹，轮纹上密生小黑点，潮湿时病斑表面溢出红色黏稠物。叶片染病，初为褪绿水渍状斑点，后变为褐色，具有轮生小点。

（2）病原菌

半知菌类炭疽菌属辣椒炭疽菌 [*C. capsici*(Syd.) Butl. Et Bis.]

（3）发病规律

高温多雨、田间排水不良、种植密度大、施肥不当、通风条件差易发病。

（4）防治方法

①选栽抗病虫品种（如条椒 18 号、绿陇 168 螺丝椒），培育适龄壮苗。

②加强栽培管理。严格实行轮作；采用高垄地膜覆盖栽培；合理密植，科学施肥，及时灌水排水，促早封垄（行）；深翻炕土减少越冬虫源；清洁田园，及时摘除病叶病虫果，及时拔除病株，带出田间或棚室外烧毁或深埋。

③药剂防治：发病初期喷洒 70% 甲基托布津可湿性粉剂 600 ～ 800 倍液，或 80% 炭疽福美可湿性粉剂 800 倍液，或 40% 多菌灵胶悬剂 600 倍液，或 75% 百菌清可湿性粉剂 800 倍液，7 ～ 10 天 1 次，连续 2 ～ 3 次。

④生物防治：利用微生物制剂如农用链霉素防治辣椒青枯病、疮痂病、软腐病、叶斑病，青虫菌防治烟青虫。

二、常见虫害防治方法

病虫防治应“预防为主，综合防治”，积极应用物理、生物防治方法，化学防治要掌握正确施药方法，减少化学农药用量，执行农药安全使用标准，使辣椒果实中农药残留不超标。

（一）物理防治

人工摘除害虫卵块；田间悬挂黄色黏虫板防蚜、白粉虱、美洲斑潜蝇，糖醋液、黑光灯诱杀小地老虎；性引诱剂诱杀害虫；白炽灯、高压汞灯、频振式杀虫灯诱杀夜蛾类害虫；田间铺银灰膜或悬挂银灰膜条驱避蚜虫，防虫网防虫（如蚜虫、棉铃虫、美洲斑潜蝇）、防病（病毒病）。

（二）生物防治

保护利用天敌，如瓢虫、草蛉、蚜茧蜂对蚜虫的自然控制；赤眼蜂防棉铃虫、烟青虫；蚜虫主要危害植株叶片，造成叶片畸形。生产上要提前预防，有蚜株率达20%时，用10%吡虫啉2 000倍液，或50%辟蚜雾可湿性粉剂2 000～3 000倍液，或50%马拉硫磷乳油1 000倍液，或2.5%溴氰菊酯乳油或20%速灭杀丁乳油2 000～3 000倍液喷雾防治。

第四章　茄子设施栽培管理技术

茄子（*Solanum melongena* L.）属茄科作物，原产亚洲热带，中国各省均有栽培，果可供蔬食，根、茎、叶入药，有利尿之效。叶也可以作麻醉剂，种子为消肿药，也用为刺激剂，但容易引起胃弱及便秘，果生食可解食菌中毒。茄子营养丰富，是人们喜食的重要蔬菜之一，栽培面积较大。

第一节　种植环境要求

一、温度

茄子是喜温耐热作物，其生长发育期间的适宜温度为25℃左右。当温度低于20℃时，茄子植株生长缓慢，授粉、受精和果实生长都会受到影响；温度低于15℃，茄子植株生长基本停止，出现落花落果现象；低于10℃时，会引起植株新陈代谢的混乱；5℃以下，植株就会受到冻害。当温度高于35℃时，茄子花器发育不良，尤其在夜温高的情况下，呼吸消耗大，果实生长缓慢，容易产生僵果或落果。茄子在不同的生长发育阶段，对温度的要求不同，种子发芽期的适宜温度为28℃左右；苗期为白天25℃左右，夜间15～18℃；开花结果期的适宜温度为白天25～30℃，夜间20℃左右。

二、光照

茄子对光周期反应不敏感，即日照时间的长短对发育影响不大。但在自然光照下，日照时间越长，越能促进发育，且花芽分化早、花期提前。茄子对光照强度要求较高，光照强度的补偿点为2 000 Lx，饱和点为40 000 Lx；紫色和紫红色品种对光照强度的要求较其他品种更高，光照强度不足会影响茄子转色和商品属性。因此，在栽培上要注意合理密植，以充分利用阳光。

三、水分

茄子根系发达，深达 1.5 m，但主要分布在 30 cm 表土层内，吸收能力强；同时，茄子枝叶繁茂、叶片肥大、蒸腾旺盛、开花结果多，对水分的需求量大。但是，如果空气湿度过高，长期超过 80%，容易引起病害的发生，在大棚等保护地栽培中，应注意通风排湿。田间最大持水量保持在 60% ～ 80% 最好，一般不能低于 55%，否则，会出现僵苗、僵果。茄子喜水，但又怕水，因此栽培时必须做到旱能浇水（灌）涝能排水。

四、土壤

茄子对土壤要求不太严格，一般以含有机质多、疏松肥沃、排水良好的沙质壤土生长最好，尤以栽培在微酸性至微碱性（pH6.8 ～ 7.3）土壤上产量较高。

第二节　品种选择及育苗要求

一、品种选择

汉台区可选择湘杂早红和早红 2 号茄子品种。

二、育苗要求

每亩备种 50 g，10 月下旬播种。苗床在播种前浇透水，每平方米播 10 g 种子，然后覆盖 1 ～ 2 cm 厚的细土。播种后白天盖严薄膜，夜间盖好草毡，七天后即可出苗。幼苗出齐后温度控制在 20 ～ 32℃，待有大部分幼苗拱土时覆细土，出苗后再覆细土，覆土厚度为 2 ～ 3 mm。当第一片真叶顶心时间苗，苗间距为 3 cm。茄子间苗与分苗应在幼苗长至 2 片真叶。分苗后棚内不通风，白天温度保持在 30℃左右，温度不低于 15℃，经 5 天左右幼苗恢复正常时再通风。缓苗后白天温度保持在25℃左右，夜间温度保持在10～20℃。阴雨、雪天要放风排湿，弱光条件下气温不能超过25℃，夜间温度以7～10℃为宜。幼苗达6片以上真叶时定植，定植前7～10天练苗。

第三节 生产管理

一、定植管理

定植前半月，应施足基肥，每亩施腐熟的有机肥250 kg，复合肥5 kg，深翻耙平做成1.2 m宽的平畦。选择晴天上午定植，定植时打孔移栽，挑选无病壮苗，做到大小苗分开定植，每畦栽两行，株行距30 cm×60 cm，亩栽3 500～4 000株，栽后浇足定根水，用细土密封定植孔。

二、水肥管理

加强肥水管理。门茄（茄子出现第一次分枝时的状态）坐住前要控水蹲苗，促进发根。门茄普遍达到2.5～3 cm（横径）大小时，即所谓“瞪眼”（茄子果实基部近萼片处生长较快的这一部分，此处的果实表面开始因萼片遮光不见光照呈白色，等长出萼片外见光2～3 d后着色）即可结束蹲苗，进行浇水追肥，促进果实迅速膨大，每亩可追硫铵10～15 kg或人粪尿1 000 kg。盛果期应加大水肥量，可追肥3～5次。盛果期可用0.2%的磷酸二氢钾喷施2～3次，有利于提高产量和增强茁子抗逆性。

加强温湿度管理。缓苗期一周内不通风，提高温度，促进缓苗，待新叶长出后，说明缓苗结束，应开始通风，白天维持28～30℃的棚温，夜间维护15～20℃。当气温超过35℃或低于15℃，生长缓慢，落花严重。当外界夜间最低气温不低于15℃时，可昼夜通风。

三、合理密植

使养分集中运输，提早上市，采用双头整枝方式，即只留门茄以上的两个强枝，将其余枝和老叶、病叶打掉，这种整枝方式特别适于密植，早熟性好，比常规的整枝方式，前期产量可提高30%以上。

四、秋延后栽培技术

6月底前播种育苗，7月20日前定植，适当密植，忌连茬。加强肥水管理和植株调整，在多阴雨年份采用高垄栽培，加强黄萎病和绵疫病的防治，若不及时，会造成大量减产，防治方法同春季大棚生产，9月上旬开始上市，10月下旬拉秧。

第四节　病虫害防治

一、茄子主要病害

（一）真菌病害

1. 茄子黄萎病

（1）症状

发病初期近叶柄的叶缘部叶脉间退绿，晴天高温时萎蔫，夜间或天转阴凉时恢复。数日后，萎蔫状态不再复原，且由半边叶开始，当病斑扩展到整片叶子后，叶子发黄萎蔫，变褐枯死。

（2）病原菌

半知菌类轮枝孢属大丽轮枝菌（*Verticillium dahliae* Kleb.）。

（3）发病规律

低温高湿易发病。

（4）防治方法

①选栽抗病品种。采用湘杂早红和早红2号茄子品种。

②加强栽培管理。严控实施轮作倒茬，选择与非茄科类作物进行轮作；采用嫁接防病，培育壮苗并适时定植。

③药剂防治：用50%多菌灵可湿性粉剂500倍液或75%百菌清可湿性粉剂600倍液防治。

2. 茄子绵疫病

（1）症状

主要危害果实。受害果初为水浸状，圆形斑点，稍凹陷，果肉变黑褐色腐烂，易脱落。湿度大时，病斑表面长出茂密的白色棉絮状菌丝，扩展迅速。

（2）病原菌

卵菌门疫霉属烟草疫霉（*Phytophthora nicotiana* van Breda de Haan.）。

（3）发病规律

高湿易发病。

（4）防治方法

①选栽抗病品种。采用湘杂早红和早红2号茄子品种。

②加强栽培管理。要合理安排地块，忌与番茄、辣椒等茄科、葫芦科作物连作；施足腐熟有机肥，增施磷、钾肥；适时整枝，打去下部老叶，改善田间通风透光条件，及时摘除病叶、病果，并将病残体带出田外。

③种子消毒：播种前对种子进行消毒处理，如用50～55℃的温水浸种7～8 min后播种。

④药剂防治：初发病，可用40%乙磷铝可湿性粉剂200倍液，或50%速克灵可湿性粉剂2 000倍液防治。

第五章　马铃薯设施栽培管理技术

马铃薯（*Solanum tuberosum* L.）属于茄科一年生草本植物，别称土豆、地蛋、洋芋等，高 15 ～ 80 cm。茎分为地上茎和地下茎两部分，是中国五大主食之一，其营养价值高、适应力强、产量大，是全球第三大重要的粮食作物，常做蔬菜食用。马铃薯是块茎繁殖，可入药，性平味甘。作为食物，其保存周期不宜太长，一定要低温、干燥、密闭保存。有证据表明，马铃薯的维生素 C 含量是苹果的 4 倍左右。

第一节　种植环境要求

一、温度

性喜冷凉，是喜欢低温的作物。块茎生长的适温是 16 ～ 18℃，当地温高于 25℃时，块茎停止生长；茎叶生长的适温是 15 ～ 25℃，超过 39℃停止生长。

二、光照

幼苗期和发棵期需要较强的光照。光照不足，栽培过密、植株互相遮阴，会使茎叶徒长，块茎形成延迟，抗病性降低。块茎形成期需要短日照，一般每天日照时间在 11 ～ 13 h，不仅茎叶发达，光合作用旺盛，而且块茎形成快，产量高。

三、水分

幼苗期一般要求土壤水分在 50% ～ 60%，发棵期是马铃薯生长最快的时段，前期的土壤含水量在 70% ～ 80%。主要是为了满足马铃薯快速生长所需的水分，到了后期就要适当的控水，让土壤的水分从80%下降到60%，结薯期是马铃薯用水最多的时段，要求土壤湿润，水分在80%～85%。

四、土壤

地下薯块形成和生长需要疏松透气、凉爽湿润的土壤环境。

第二节 品种选择及育苗要求

一、品种选择

汉台区适合大棚种植的马铃薯品种有优质特早熟良种早大白、克新1号。

二、育苗要求

马铃薯种薯在土温4～5℃时可以发根，5～7℃时可开始发芽，但生长缓慢，到10～12℃时幼芽生长迅速而健壮，18℃为幼芽生长最适温度。育苗期间对土壤水分的要求不严格。适宜的土壤pH为4.8～7.1。育苗所用的种薯以50 g／个为宜，切块的每块重量不低于20 g，并有1～2个芽眼，切块时刀要严格消毒。播种时期，春季播种是在10 cm土温达6～8℃时进行，秋播在8～9月进行，但要注意防高温和雨水。播种前的种薯处理，种薯在200～250倍的福尔马林溶液中浸20～30 min，之后闷6～8 h。

第三节 生产管理

一、生产中需要注意的问题

冬季和早春要防冻保苗，阳历三月后如果是大棚马铃薯要及时通风降温、排湿，防止高温。不宜栽种于低洼田块，一般采用高垄栽培方式，否则极易出现秧苗过旺、薯块太小、病害爆发等情况。

二、栽培技术要点

选择适合大棚种植的优质特早熟良种早大白（出苗至成熟 65 天）。最好选用脱毒种薯。

（一）选种

选无病虫、无冻害、表皮光滑、新鲜，50 ～ 100 g 大小的薯块作种薯。

（二）切块

薯块纵切，平分顶芽，每块种薯要保证 1 ～ 2 个健壮的芽眼，随切随拌草木灰。如切块过程中遇到病薯，即用75%的酒精或0.1%的高锰酸钾对刀具消毒，防止交叉感染。

（三）播种

最佳播期为 11 月中旬到下旬，播前一周扣棚升温，播种密度为 20 cm × 40 cm，亩窝数为 4 500 ～ 5 500 个，随播随盖地膜保温。

三、水肥管理

每亩地在施用有机肥 600 kg 的基础上，亩施 80 kg 碳铵，20 kg 磷酸二铵，30 kg 硫酸钾，全层混施，一次施入。温度管理上主要抓好三项工作：一是及时放苗，防止烧苗。二是在 2 月份勤检查薄膜，防止冷风伤苗。三是进入 3 月中旬后，要及时通风降温，使昼夜温差加大，有助于养分积累及薯块快速膨大。

在水分管理上主要灌好三次水，一是快要出苗时浇次透水保证全苗，二是在块茎形成期结合施肥浇一次透水，三是在块茎增长期浇一次透水。4 月上旬，块茎进入快速膨大期，应看天、看田、看苗灌溉。一般在 4 月中旬及时采收，抢抓市场空档，才能获得好的收入。

第四节　病虫害防治

一、马铃薯主要病害

（一）真菌病害

1. 晚疫病

（1）症状

主要危害叶片，叶片上病斑近圆形，边缘褐色，具有同心轮纹，湿度大时病部长出黑色霉状物，后期病斑中部脆裂，严重时病叶早期脱落。

（2）病原菌

卵菌门疫霉属致病疫霉 [*Phytophthora infestans* (Mont.) De Bary.]。

（3）发病规律

一般空气潮、暖而阴沉的天气，早晚露重，加上经常阴雨的情况下，最易发病；地势低洼、排水不良的田块、偏施氮肥引起植株徒长，有利于发病。

（4）防治方法

①选栽抗病品种早大白。

②做好种子消毒。

③在发病初期，采用如下药剂防治：75% 百菌清兑水 700 倍液，或 70% 甲托 700 倍液叶面喷雾。

二、马铃薯主要虫害

（一）根结线虫病

（1）症状

植株上部皱缩、失绿、黄萎，拔下植株观察发现，根部产生近白色的颗粒状物。

（2）病原

高度专化型的杂食性植物病原线虫。

（3）发病规律

根结线虫有驱水性和趋化性。在潮湿环境中有利于移动，极端潮湿和干旱都能抑制根结线虫的生存与活动，田间含水量维持在 50% ～ 80% 时有利于雌虫产卵。

（4）防治方法

目前防治根结线虫病的主要药剂为乐苯斯和线虫威，但防治效果不理想。生产中推广防治技术，在种植马铃薯的行间与带间套种大葱，利用大葱根系的分泌物能大量杀死虫卵和幼虫。

第六章　设施西兰花栽培管理技术

产于地中海东部海岸，约在19世纪初清光绪年间引进中国。又名花菜、椰花菜、甘蓝花、洋花菜。有白、绿两种，绿色的叫西蓝花、青花菜。白花菜和绿花菜的营养、作用基本相同，绿花菜比白花菜的胡萝卜素含量要高些。

第一节　种植环境要求

西兰花（*Brassica oleracea* L. var. *botrytis* L.）为秋冬蔬菜，喜温暖、湿润的气候，忌干燥，过湿会引起根部及花枝霉烂。对环境条件要求与花椰菜相似。

一、温度

种子发芽适温为25～30℃，植株生长适温为18～ 20℃，花蕾发育适温为15～18℃，温度25℃以上植株容易徒长，5℃以下则生长缓慢。

二、光照

属低温长日照植物，喜光，光照不足，植株徒长，花球颜色变黄，影响品质，故栽培时光照要充足，花球必须见阳光，不能束叶遮盖。

三、水分

较喜湿润环境，对水分需求量较大，尤其是花芽分化后的花球形成期需要水分更多，缺少水分，抑制花球形成，降低产量和质量。

四、土壤

土壤养分要求较严格，以土层深厚、肥沃、排水良好的壤土或黏壤土较适宜。对氮、磷、钾的吸收比例为 14 ∶ 5 ∶ 8。

第二节　品种选择及育苗要求

一、品种选择

汉台区试种成功的品种有长征、绿翡翠、各福。

二、育苗要求

（一）适时播种

由于西兰花属于冷凉性蔬菜，汉台地区一般秋茬播种期 7 月底至 8 月初，苗期一个月，12 月陆续收获上市；春茬播种期 12 月下旬，3 月上旬移栽，翌年 5 月陆续采收上市。育苗在设施或遮阴条件下进行。

（二）注意苗期管理

西兰花种子粒小，且种子价格较为昂贵，为节省用种成本和培育壮苗，首先推荐成品基质营养盘育苗的方式进行育苗。其次选择自配营养基质育苗（即取无病土干碎泥粉、碎菇渣和腐熟猪粪等按重量比 60 ∶ 30 ∶ 10 混合堆制，消毒后作育苗基质）。育苗时温度应保持在 20 ～ 30℃，温度过高会导致花蕾形成不良。

播种后的苗盘保持湿润置于有遮阳网的塑料棚中催芽出苗，棚内保持通风透光。遮阴网在晴天上午 10 点到下午 4 点覆盖。

为确保培育壮苗，出苗后在真叶开始展开时要及时进行分苗和定苗，每孔定留一株苗，去弱留强，5 ～ 7 天后用三元复合肥兑水 80 ～ 100 倍液淋施追肥 1 次，在移栽前 7 ～ 10 天视苗生长情况追肥第 2 次，苗期一般追肥 2 次。保持育苗基质湿润，棚内注意通风透气，以防幼苗徒长。

在幼苗移栽前 5 ～ 7 天要及时揭膜炼苗，以适应外界环境生长。苗期注意黑腐病、菜青虫、小菜蛾等病虫害的防治。西兰花最适移栽苗龄为出苗后具 5 ～ 6 片真叶，移栽前用水淋透育苗盘基质，带基质土移栽，确保植株生长成活率。

第三节　生产管理

一、加强田间管理

幼苗移植前应选择排水良好、前作非十字花科蔬菜的壤土或黏壤土。土壤要深翻晒白，耙碎起畦，整地起畦时每亩施用腐熟有机肥 2 000 kg 加优质三元复合肥 30 kg 作底肥。起畦宽 100 ～ 120 cm，深沟高畦。

种植密度可根据品种的熟性而定。早熟品种由于植株相对矮小，可适当密植。一般可植 2 ～ 3 行，株行距为 40 cm × 40 cm，打穴定植，及时淋足定根水，确保幼苗成活。每亩定植 2 500 ～ 2 800 株。晚熟品种植株高大可适当疏植。一般可植 2 行，株行距为 50 cm × 50 ～ 60 cm，每亩定植 2 200 ～ 2 500 株。为确保通风透光，均采取双三角形定植。

二、加强肥水管理

植株生长期间的肥水管理，采用前期攻苗、中期控肥、后期攻长蕾肥的原则进行追肥。生长期以氮肥为主，进入花蕾形成期要增施磷、钾肥。

幼苗定植后 5 ～ 7 天开始追施第一次肥，每亩追施尿素 10 ～ 15 kg，随后浇水淋湿土壤，有利于植株吸收，促使幼苗早封行。在植株生长的第三周进入旺盛期前可结合培土追施第二次肥，每亩施用以氮为主的优质三元复合肥 25 kg，开始现蕾期进行第三次追施，每亩用硫酸钾复合肥 30 kg，结合根外喷施 0.1% 的硼肥 1 ～ 2 次，预防花球茎空心。

追肥时及时除去杂草，采收主花球的要及时摘除多余侧枝，确保主花球产量。全期保持田间湿润，大雨期注意及时排除积水。

第四节　病虫害防治

西兰花主要病害症状有黑腐病、软腐病等。黑腐病多发生在幼苗期，可用百菌清、多菌灵、农用链霉素防治；霜霉病、软腐病多发生在大田期和开花现蕾期，可用代森锰锌、甲基托布津、新植霉素、农用链霉素等防治。

一、西兰花主要病害

（一）细菌病害

1. 黑腐病

（1）症状

子叶染病呈水浸状后迅速枯死，蔓延到真叶上，从叶缘开始形成向内扩展的"V"字形枯斑，病菌沿脉向下扩展，形成较大坏死区或不规则黄褐色大斑；从伤口侵入的，可在叶部任何部位形成不定形的淡褐色病斑，边缘常具黄色晕圈，病斑向两侧或内部扩展，致周围叶肉变黄或枯死；剖开球茎，可见维管束全部变为黑色或腐烂，但不臭，干燥条件下球茎黑心，严重的西兰花叶缘多处受侵，造成全叶枯死或外叶局部或大部腐烂。

（2）病原菌

甘蓝黑腐黄单胞杆菌属甘蓝黑腐致病变种 [*Xanthomonas campestris* pv. *Campestris* (Pammel.) Dowson]。

（3）发病规律

一般与十字花科作物连作，高温多雨天气及高湿条件，叶面结露、叶缘吐水，有利于病菌侵入而发病。此外，肥水管理不当，植株徒长或早衰，寄主处于感病阶段，害虫猖獗或暴风雨频繁易发病。反季节栽培时遇上述条件发病重。

（4）防治技术

①选栽抗病品种。如绿翡翠、各福。

②加强栽培管理。与非十字花科蔬菜进行 2 ～ 3 年轮作，适时播种，不宜播种过早，合理浇水，适期蹲苗，注意减少伤口，

收获后及时清洁田园。

③种子消毒。播种前对种子进行消毒处理，如用 50 ～ 55℃的温水浸种 7 ～ 8 min 后播种。

④药剂防治。可用百菌清、多菌灵、霜霉病菌灵、农用链霉素防治。

2. 软腐病

（1）症状

一般始于结球期，初在外叶或叶球基部出现水浸状斑，植株外层包叶中午萎蔫，早晚恢复，数天后外层叶片不再恢复，病部开始腐烂，叶球外露或植株基部逐渐腐烂成泥状，或塌倒溃烂，严重的全株腐烂，病部散发出恶臭味。

（2）病原菌

胡萝卜软腐果胶杆菌胡萝卜软腐致病变种 [*Erwinia carotovora* subsp. *carotoyora* (Jones) Bergey.]。

（3）发病规律

西兰花的自然裂口、虫伤、病痕及机械伤等伤口是该病侵入的主要途径，生产上久旱遇雨，或蹲苗过度，浇水过量、地下害虫多都会造成伤口而发病。反季节栽培时遇高温季节发病重。

（4）防治技术

①选栽抗病品种。如绿翡翠、各福。

②加强栽培管理。避免与茄科、瓜类及其他十字花科蔬菜连作；及早腾地、翻地，促进病残体腐烂分解；实行沟灌或喷灌，严防大水漫灌。注意防治西兰花害虫减少伤口。

③种子消毒。播种前对种子进行消毒处理，如用 50 ～ 55℃的温水浸种 7 ～ 8 min 后播种。

④药剂防治。可用代森锰锌、甲基托布津、新制霉素、农用链霉素等防治。

二、常见虫害防治

主要害虫有小菜蛾、斜纹夜蛾、烟粉虱等，可分别用阿维菌素、抗蚜威、吡虫啉、甲氰菊酯等防治。

第七章　魔芋栽培管理技术

魔芋（*Amorphophallus konjac* K. Koch）又叫作磨芋，天南星科魔芋属多年生草本植物，中国古代又称妖芋。自古以来魔芋就有“去肠砂”之称。具有降血糖、降血脂、降压、散毒、养颜、通脉、减肥、通便、开胃等多种功能。全株有毒，以块茎为最，不可生吃，须加工后方可食用。中毒后舌、喉灼热、痒痛、肿大。民间用醋加姜汁少许，内服或含漱，可以解毒。

第一节　种植环境要求

一、温度

最适温度 15 ～ 25℃，当低于 12℃时，出现倒伏。

二、光照

采取架设遮阳网等方式，控制强光照射，使透光率达到自然光照的 1/3。

三、水分

土壤湿度为 55% ～ 60%，空气湿度为 60% ～ 70%。

四、土壤

以有机质丰富的土壤为宜，土壤 pH 控制在 6.5 ～ 7.0 之间。

第二节　品种选择及育苗要求

一、品种选择

汉台区适宜种植云南珠芽黄和珠芽白魔芋品种，在品种选择上应把握以下原则。

（1）无病。

（2）无伤或伤口已愈合者。

（3）球茎形圆或长圆（扁圆者为劣质）、顶芽肥壮。

（4）叶柄痕较小，凡超过球茎直径 1/2 者为劣质。

（5）芽窝不宜太深。

（6）商品芋的种芋重花魔芋为 500 g 以下，白魔芋为 100 g 以下，每类种芋大小基本一致，以便分类分龄栽培。

（7）根状茎应充实、无病害，以 2 年生株上的根状茎为好。

二、育苗要求

用下列方法进行消毒，凡浸种者不能混入带病的种芋，不然将助长传病。

（1）链霉素是防治细菌性病害的特效药，污染也轻。用 1 000 万单位农用链霉素可湿性粉剂兑水 20 kg 液浸种芋 0.5 ～ 1 h 后，取出晒晾 1 ～ 2 天；20 世纪 90 年代推出的防治细菌病害的来菌感（或称杀菌王、消毒灵）可按说明书试用。

（2）用 40% 福尔马林加水 200 ～ 250 倍液浸种 2 ～ 30 min，或用 0.1% 高锰酸钾液浸种芋 10 min，均取出晒晾 1 ～ 2 天。

（3）将种芋芽向上摆在地面，50% 多菌灵水溶剂 500 倍液，每平方米喷药 150 mL，或用 50% 甲基托布津 400 倍液，按 150 ～ 200 mL/m^2 用量均匀喷雾主芽周围，药液在临用时配备。

（4）用甲基托布津或多菌灵粉剂做种芋粉衣消毒，用药量为种芋重量的 2% ～ 3%，用填充剂石膏或草木灰与药混匀，在浸种后取出趁湿裹上粉衣。以上 4 法，第 1 种方法必用，其余 3 种方法用一种即可，但如加用第 4 种方法更为安全。

第三节　生产管理

一、整地

冬前深耕炕土，春后深耕细整，开厢理沟。魔芋根系浅，需氧气充足，忌渍水，确保整块地四周及畦间相通，排水顺畅。在雨水充足地区，采用高畦窄厢种植，厢宽 1 m 包沟；在夏秋季降水较少，常遭旱灾地区，采用宽厢浅沟种植。若采用间套作方式，应根据间套作物根系分布，适当安排其位置，并对魔芋施肥给予照顾，如与玉米或高果间套，应选高秆及株形紧凑品种，视该地块所需的荫蔽度在每畦或隔畦的畦旁另开播种行及施肥窝播玉米或高粱。两者均属深耕作物，且播栽期均早于魔芋，可避免与浅根作物魔芋根系出现抢肥的矛盾达粮芋双丰收。若与幼龄经济林木间作，应依林木的行距决定行间种几行魔芋，以调节魔芋的荫蔽度达 60% 以上。种植行不能紧挨树干及其主根，以免伤树根并与林木争肥。

二、施肥

魔芋的根为弦状根，浅根系，吸收力不强，必须肥培土壤和科学施肥。肥培土壤的重要手段是大量施入腐熟堆肥，每公顷约施 20 000 kg，堆肥的沤制以秸秆、不带种子的青草为主要材料，适量加入畜粪及苦土石灰（含 CaO45%、MgO18%）和磷肥。应在前一年夏秋季节即开始沤制，待充分腐熟后使用。

魔芋应重视基肥，以施肥总量的 70% ～ 80% 作基肥在栽种时施于种植沟内或在沟旁另挖施肥沟施下，或在 5 月下旬至 6 月上旬有少数萌芽伸出地表时施于土表，然后培土。凡春季升温慢，秋季降温快，生长季短的山区或后期易受干旱、风害威胁的地方，均应以 80% 以上甚至全量作基肥施用，但以缓释性肥料为主；凡斜坡地、土壤保肥力弱者宜留 20% ～ 30% 作追肥。

基肥的施用一般在栽种前 10 ～ 15 天，在两行种植沟之间挖施肥沟，将基肥与堆肥混匀施于沟内或先挖深 12 ～ 15 cm 的种植沟，在沟底施堆肥，在其上斜放种芋，上施基肥，约 3 cm 厚，再盖土。也可挖深约 10 cm 的种植沟，施堆肥及基肥，斜放种芋后，盖土，或待芋开始出土时结合中耕培土时才施基肥，并在其上培土。几种方法的共同点是基肥集中施用，接近种芋，但又不直接接触，其肥料利用率高，但又不伤种芋。将肥料置种芋之上，是适应魔芋弦状根均从种芋顶端长出，上面的肥料仍能被吸收利用。

一般三要素的施肥量为每公顷各 120 ～ 180 kg，若以复化肥含 N ： P_2O_5 ： K_2O 为 10 ： 8 ： 22 计，每公顷可施 1 ～ 1.5 t。若施肥过多特别是氮肥过多，易造成发病多，其种芋贮藏不安全，所以应依地区、土壤及种龄等适当掌握。

三、种植

（一）种植期

种植必须在种球茎的生理休眠期解除后及平均气温回升至 12 ～ 14℃、最低气温 10℃左右时。因魔芋萌芽温度必须在 10℃以上，温度过低，芽受害萎缩；根的伸长温度为 15℃以上，若在 10℃以下，将受冷害，妨碍伸长。中国产区的温暖地带，一般 3 月上旬种植，海拔较高、纬度偏北之处，4 月份种植。品种不同，栽植期也不一致，如花魔芋球茎解除休眠快于白魔芋，萌芽所需温度稍低于白魔芋，因而同一地区花魔芋可稍早种植。

（二）种植密度及用种量

魔芋种植密度小，球茎膨大率较好，根状茎发生多，单株产量较高，但密度较小，单位面积产量下降。魔芋喜荫蔽畏高温，密度小，叶面积系数过小，阳光通透叶幕空隙直晒土表，使土壤温度升高至 35℃以上，对根产生不利影响，且风害威胁更大。一般应调控到定形后的叶身互相重叠约 1/3 为度，“Y”字叶形的品种可较“T”字叶型的品种密植。魔芋种植密度与种芋大小关系密切，种芋愈大，栽植距离愈大。为了加强通风透气，且便于田间管理，一般采取宽行距、窄株距形式种植，依据日本的种植经验，行距为种芋横径的 6 倍，株距约为 4 倍为佳。不同种芋年龄的栽植密度不同，随着种芋的加大，栽植密度减小，用种量增加。

（三）栽植方法

根状茎或小球茎作种均行沟植，高畦窄厢，一般每厢开 2 沟，宽畦浅沟可增多沟数。根状茎可依同一顶芽方向横放沟中；小球茎依其大小给以适当距离，一般约为 15 ～ 20 cm；三年生 250 g

以上的种芋可窝栽或沟植。依种芋大小，沟深 10 ～ 15 cm，土壤潮湿宜较浅，土壤干燥、保水较差宜较深。魔芋种芋均行 45° 斜植，若为倾斜地，则顶芽向上栽植。若正植则可能因球茎顶端的芽窝较易积水而引起球茎腐烂，且随着新球茎不断长大后，种球茎将处于被压状态，新球茎底部柔嫩的皮层易发生龟裂，随着新球茎继续增大，龟裂也随之加大，严重时发生腐败，产生大量烂芋，如采用斜植，则新球茎在种芋的侧面增大，不会形成与种芋的挤压现象，避免发生底部龟裂，且与种芋脱离的脐痕也小。覆土深浅依当地当年的温度及降雨量而定，覆土浅，日照使土温升高，促进较快萌芽，但若遇寒害，球茎及其顶芽易受冻伤；覆土深，发芽出土较慢，但若环境干燥，则利于保水，促进发芽。一般覆土厚 6 ～ 9 cm。

四、田间管理

（一）除草

魔芋的根群平行分布于土壤上层，中耕锄草很易伤根，导致染病。合理除草可减少病虫害的发生和与魔芋争肥。除草时不要用锄头，只用手拔草，以防伤害根系。利用化学除草剂除草效果更好，即在魔芋播种后 20 天左右出苗，杂草已萌发时，可每亩用 10% 草甘膦水剂 500 mL 或 41% 农达水剂 200 ～ 300 mL 兑水 30 kg 对地面杂草喷雾；或预计魔芋在 7 天后出苗，可每亩用 20% 克芜踪水剂 250 mL 兑水 45 L 对地面杂草进行喷雾。

注意事项：

（1）使用时间必须在魔芋或间套作物未出土前 15 天进行，若喷药后 6 h 内下雨必须重喷。

（2）喷药器械一般选用手压背负式喷雾器或电动背负式喷雾器，喷药时要防止药水飘逸，喷溅到其他农作物上，造成药害。

（3）严格按照药剂稀释比例兑水，喷雾时要均匀一致，使杂草充分接触到药液，提高除草效果。

（4）所有药剂都有毒性，必须严格按照使用说明进行操作、安全保管，严防人畜误食；严禁将残液倒入河沟，以免造成污染、中毒。

（二）培土

魔芋种植后约一个月才开始萌芽出土，此时应抓住时机，趁根群尚未布满前进行浅中耕破除土表板结层，增进土壤空气通透，同时进行培土或培土与施基肥相结合。培土是将畦沟中土壤培于种植沟上，可使土壤有更大的通气面以促进根状茎生长并保护上层根群。培土厚度应依立地条件、种龄及气象等综合考虑，若培土过深，影响出芽，初期生长及根状茎发生和生长等，一般宜培土 7 ～ 10 cm。

（三）土表覆盖

覆土是魔芋栽培的一项特殊而重要的管理工作，可防止暴雨造成的土壤流失，避免根群暴露，保护土壤团粒结构，增进地力，调节土壤温度和湿度，防止杂草为害，减轻病害发生及发展，提高产量，日本常将秋季或早春在畦边播的直立型燕麦或大麦（播种量 5 kg/hm^2），长出的麦秆刈铺于土表，另一种是用无霉的杉叶、野干草、谷草、落叶等为覆盖材料。为防止土表被密闭，可先在土表铺些枯枝、竹枝，再铺覆盖材料。覆盖的厚度为 5 ～ 10 cm，用量一般是干料 7 500 ～ 10 000 kg/hm^2。凡易遇旱灾和暴雨的地方覆盖宜较厚，而阴湿地、低温地较薄。铺草宜在展叶之前完成，以免伤及叶部。9 月以后气温渐低时，宜撤除铺草，让土表接受日晒以保土温，利于植株生长及球茎发育，高海拔地区种植期及生长前期地温过低，在栽种时，可用黑色地膜覆盖地表以保温保湿，还能保蓄土壤水分，防止暴雨冲刷及减轻草害。

（四）追肥

魔芋的追肥原则是生育前半期应供给充足养分以确保地上部生长旺盛，而后半期（7 月下旬至以后）在维持有效供给必要的养分条件下，应减少施肥，使植株逐渐减少吸肥量，以求获得干物质含量高、肥大而充实的球茎和根状茎，为保证生育期中持续供给营养，保持后期植株健壮，特别是斜坡地养分易流失，至少应将肥料总量的 20% ～ 30% 作为追肥分期施用。一般第一次追肥在 5 月下旬，主要促进地上部生长，第二次在 6 月下旬，主要促进地下部发育，应配合三要素。虽然球茎是在 7 月开始迅速膨大，8 ～ 9 月大量吸收养分，但不能在此时才大量施肥，这样会使球茎质量下降，特别是对种用球茎不利。此外，由于魔芋展叶后，田间操作易伤植株，加重病害，所以在病重地区，一般不单独施追肥，而是在喷药时加入 0.3% 磷酸二氢钾加 0.1% 尿素作为叶面追肥。

（五）清除病株

除在冬季翻耕土壤时彻底清除病残体和杂草外，在萌芽出土后，发现有种芋带病株，立即拔除，7 月以后随时检查病情，发现中心病株，立即带土挖除深埋或烧毁，并在窝内及周围撒石灰，踩紧土壤，防止雨水带走病菌扩大传染。若有白绢病发展，立即对该地块遍撒石灰，使土壤 pH 达到 8。

五、魔芋种芋繁殖

（一）用魔芋根状茎繁殖

魔芋的茎膨大成球茎，称球状茎。球茎上面围绕顶芽生长 10 多条如根样的茎就叫根状茎，是繁殖种芋的好种源。利用根状茎繁殖种芋，可全条繁殖，也可分段繁殖，但切段要保留 2 ～ 3 个节，保证有活芽 1 ～ 2 个。切茎后用草木灰抹切口，并在阳光下晒 1 ～ 2 天，随即分窝播种。管理得当，当年可培育成 100 g 以上的小球茎，就可作种用。

（二）用花芽魔芋球繁殖

有花芽的芋叫“公魔芋”。公魔芋是母芋种植 2 ～ 3 年后所形成的，公魔芋虽不能做种，但可繁殖种芋。方法是刮除公魔芋顶芽上的花芽，促使顶芽周围的侧芽成苗。每窝播 1 个公魔芋，做好苗齐后的管理，当年即可长出 3 ～ 10 个植株，形成 10 多个小球茎，此小球茎即可作种。

（三）用顶芽直接繁殖

此方法多用于加工芋地再利用。在加工芋未清洗前，切出带顶芽的一块（或者抠出一块），要求顶芽带蒂厚实，有利于培育壮苗。在播前晒1～2天，且用草木灰涂抹伤口，防治病菌感染。栽后当年可长成400～500 g以上的块茎。

（四）用小球茎繁殖

一般100～150 g以下的球茎可直接作种芋，小球茎无刀伤，不易感染病菌，且发芽率高、长势好，能繁殖大量种芋。

（五）用魔芋球茎切块繁殖

一般个体重超出1 kg的大魔芋，可采用切块繁殖的方法。魔芋具有顶芽，周围有多个侧芽（也称隐芽，魔芋表层突起的疙瘩）的特性，一个侧芽切成一块，迫使侧芽成苗。切块选晴天进行，切后应用草木灰涂抹伤口，并在阳光下晒两天，有利于伤口愈合。播后加强田间管理，及时防治病虫害。500 g以上的可切块繁殖以增加繁殖率，若已形成花芽的球茎，必须切块。方法是秋收后经过晾晒风干，用薄片利刀果断地从顶芽向下切成4～6块，每块重约100 g，发现已感病的球茎，不要切块，以免通过刀片传染给无病球茎。无病球茎切块时应尽量不沾水，以免葡甘聚糖包裹导致病菌繁殖。切块时，必须切破顶叶芽或顶花芽，破坏其顶端优势，促进切块上的侧叶芽萌发成叶，切块后，切口应风干愈合以防染病。宜在秋收后切块，经半年适当温度和湿度贮存后，切块上的芽眼已具备了出芽条件，播种后不比完整球茎的出芽期晚，若在春季栽种前才切块，会延迟出芽期，影响产量。

第四节 病虫害防治

魔芋的病虫害主要以病害为主，软腐病和白绢病是魔芋大田生产减产的主要原因。

一、魔芋主要病害

（一）真菌病害

1. 白绢病

（1）症状

首先发生在叶柄基部与地面接触处，呈现淡红色湿腐软化状，随后从此处折断倒伏，发病部位缠绕辐射状的白色菌丝束及小球状菌核，病菌随后危害球茎，引起腐烂。

（2）病原菌

半知菌类齐整小核菌（*Sclerotium rolfsii* Sacc.）。

（3）发病规律

以菌丝体在病残体及种芋中，或以菌核在土壤或病球茎里越冬。菌核萌发 17 h 即可侵入植株，2 ～ 4 天后病菌分泌大量毒素及分解酶，使基部腐烂。该病借灌溉水传播蔓延，带菌种芋可做远距离传播。土壤湿度大，高温高湿发病重，平均气温 25 ～ 28℃，雨后转晴易流行。

（4）防治方法

①实行三年以上轮作。

②彻底清除病残体、杂草，保持田园清洁，并对全田撒石灰，使 pH 达 7 及以上。

③ 7 月以后随时检查病株，发现中心病株，立即带土挖走深埋或烧毁，在窝内及周围撒石灰，踩紧土壤，并对全田普施石灰一次。

④施杀菌王可湿性粉剂或猛克菌可湿性粉剂 500 ～ 1 000 倍溶液，50% 多菌灵可湿性粉剂 500 倍溶液，从 7 月份起每隔 7 天喷一次，连续喷 3 次以上。

（二）细菌病害

1. 软腐病

（1）症状

病部腐烂，有恶臭味。初发时植株的小叶出现水浸状暗绿色病斑，小叶黄化，以后整个复叶枯萎，并引起倒苗，叶柄组织条状腐烂，球茎初起孔洞，最后全部烂掉。

（2）病原菌

胡萝卜软腐欧文氏菌胡萝卜软腐致病型 [*Erwinia carotovora* subsp. carotovora (Jones) Bersey]。

（3）发病规律

病菌随病残体于土壤或球茎中越冬，贮藏期种芋可继续发病并向健芋蔓延，病菌从伤口或气孔侵入，在田间靠昆虫或接触及灌溉水传播蔓延，进行再侵染。适温范围 4 ～ 38℃，最适为 25 ～ 30℃，高温高湿条件下易流行。一般连作地，栽植过密或地势低洼，排水不良，田间湿度大或氮肥及害虫过多发病重。

（4）防治方法

①选用优质健壮种芋，淘汰病、烂和受伤的种芋，凡接触过有软腐病的种芋必须清洗双手。

②实行三年以上的轮作，尽量选择小麦、大麦、玉米等作物为前作，最好实行水旱轮作制度。

③选好地块，并进行土壤消毒，魔芋适宜在土质疏松、土壤肥沃，通气性好的沙壤土中生长，应选择地势高，排水方便的地块，整地时每亩使用 100 kg 石灰进行土壤消毒，降低田间病菌数量。

④合理加强栽培管理：a. 施用的农家肥要充分腐熟，否则会使肥中带菌，还会引起烂根。追肥时不可将肥料直接施于魔芋根上，以免引起烧根。增施钾肥，增强植株抗病性。b. 雨天或田间露水未干时，不要到田间进行农事操作，以免伤根，并及时搞好虫害防治。c. 厢面覆盖，覆草是对防病极有效的特殊管理措施。用无霉烂的干燥稻草，麦草或山间野草覆盖，厚度 5 ～ 10 cm。

⑤及时拔除病株，防止病害扩展蔓延，芋田一旦发现软腐病株，立即全株带土挖走，烧毁或深埋，将病窝及周围撒石灰，踩紧土壤，以免雨水传播病菌，并用农用链霉素 200 ～ 500 mg/kg，可杀得 2000 可湿性粉剂 500 ～ 700 倍液灌魔芋植株根部，每株灌药液 0.5 ～ 1 kg。

二、魔芋主要虫害

魔芋的虫害不如病害危害大，但魔芋一年只长一片复叶，若遭损失，无法弥补，且虫啃食后伤口易被病菌侵入，造成虫、病双重损失。

甘薯天蛾和豆天蛾幼虫，一般数量不大，可人工捕捉，严重时可用50%辛硫磷乳油1 500倍液或敌杀死2 000～3 000倍液喷洒。蛴螬啃食球茎，使其失去商品价值，可用50%辛硫磷1 000倍液灌根，杀死幼虫。

有机农业应该尽量选用残毒较轻的农药。日本和中国目前使用的药剂及用法如下：

（1）波尔多液。本剂为预防性药剂，从展叶初期应有计划地施用，但在生育初期易发生药害，浓度应稍低。

（2）链霉素。对软腐病有特效，但残效期短，可与波尔多液交替使用，每年用2～3次。长阳县植保站试验结果，叶枯灵（川化018）的防效超过链霉素。

（3）陕西安康植保站试验，甲基托布津、代森锰锌、甲霜灵对白绢病的防效好，多菌灵、杀毒矾、链霉素、托布津对软腐病的防效较好。

（4）华中农业大学王就光作白绢病药剂试验，粉锈灵的防效优于利克菌，而石灰的防效最佳，只要pH达到8，就可制止白绢病发展。

（5）生物农药。何可佳从土壤分离到的木霉菌株对白绢病的防效优于石灰，最近报道3%克菌康生物农药防治白菜软腐病的防效优于链霉素及代森锌，用法是播种和生长前中期以3%克菌康800倍液喷雾。

（5）蚜虫、螨类及叶蝉均可用40%乐果乳汁1 000～ 1 500倍液及时防治；甘薯夜蛾、斜纹天蛾和豆天蛾幼虫可人工捕捉，严重时可用5%辛硫磷乳油1 500倍液或敌杀死2 000倍～3 000倍液喷洒；蛴螬或蝼蛄的防治除避免用未腐熟厩肥、堆肥而用充分腐熟的有机肥及灯光诱杀成虫外，若发现幼虫危害可用50%辛硫磷1 000倍液灌根。

第二部分　食用菌生产

食用菌富含氨基酸、蛋白质等多种营养物质，具有抗癌、抗病毒、调节免疫等多种重要功效，是我国农业生产领域仅次于粮、油、果、蔬的第五大农作物。食用菌具有不与人争粮、不与粮争地、不与地争肥、不与农争时、不与其他产业争资源的“五不争”特点，是推进农业供给侧结构性改革，丰富群众“菜篮子”的重要抓手，也是巩固国家粮食安全，构建大食物观的排头兵。

汉台区位于秦巴山区腹地，气候温和湿润，自然条件优越，年平均气温 14.5℃，年均降雨量 800 ～ 1 000 mm。素有“生物资源宝库”“天然物种基因库”之称，也有“天然药库”美誉，发展食用菌产业具有得天独厚的自然优势、地理优势及资源优势。

近年来，汉台区依托区位优势和资源禀赋，坚持以市场为导向，把食用菌作为促进乡村产业振兴和农民致富增收的前景产业，大力推行“三统一分”经营模式，积极构建“企业 + 合作社 + 农户”生产模式，走出了一条具有汉台特色的食用菌发展之路，为加快我区食用菌产业发展发挥了引领示范。下边，我们主要介绍香菇 [*Lentinus edodes* (Berk.)sing]、大球盖菇（*Stropharia rugosoannulata* Farl. ex Murrill）、羊肚菌 [*Morehella esculenta* (L.) Pers] 三种常见食用菌的栽培管理技术。

第一章　袋料香菇栽培管理技术

香菇起源于我国，是世界第二大菇，也是我国久负盛名的珍贵食用菌。我国最早栽培香菇，已有800多年历史。香菇也是我国著名的药用菌。历代医药学家对香菇的药性及功用均有著述。香菇肉质肥厚细嫩，味道鲜美，香气独特，营养丰富，是一种食药同源的食物，具有很高的营养、药用和保健价值。香菇袋料栽培是指在香菇的人工栽培中，以原料来源较广的木屑、棉壳、麸皮等配比以其他原料，代替椴木来培植香菇的一种技术。袋料栽培技术具有原料来源广泛、生产周期短、产量高、收益大等优点，成为香菇栽培的主要方式。

我区香菇品种有夏季高温品种：康田5号、C18、武香；中温品种：康田1号、永丰、808；中偏低温品种：908#、258#、321#。

第一节　种植环境要求

一、温度

香菇不同生长发育阶段对温度的要求不同。

1. 香菇菌丝生长的温度要求

香菇菌丝生长的温度范围在6～32℃之间，最适宜温度为20～23℃。在6℃以下和30℃以上菌丝生长不良，30℃以上菌丝停止生长，超过32℃菌丝将很快死亡。

2. 香菇子实体生长温度要求

香菇子实体生长温度范围在8～20℃，以15℃左右最好，香菇子实体的形状、颜色、产量与长菇期的温度高低有很大关系，20℃以上高温环境中出的菇，出菇迅速、盖大、肉薄、柄长、易开伞。在20℃以下低温环境中出的菇，由于生长缓慢，往往形成菌盖小、肉厚、柄短、颜色较深、质地细密的优质菇。低温和变温、温差刺激有利于子实体菇蕾产生，在恒温条件下，原基很难分化成菇蕾，但不同香菇品种子实体生长对温度要求不同。

二、光照

菌丝生长阶段完全不需要光照，菌丝生长期黑暗环境发菌更快。光线明亮，发菌慢且菌皮厚、原基多。香菇子实体的生长发育需要漫射光，没有光线决不能形成子实体，光照时间长，香菇子实体数目多，光线不足，出菇少、菌柄长、菌盖小、颜色淡、品质差。

三、水分与空气湿度

香菇在不同的发育阶段对水分的要求不同，香菇生长发育所需的水分大部分来自培养基（料）。

1. 菌丝生长阶段

培养基含水量以 55% ～ 60% 为宜（如：半干木屑加水量以 40% 为宜），（17 cm × 57 cm）的筒袋，装袋后的菌袋重量以 2.4 kg 为标准。菌袋含水量低于 40% 菌丝不能生长，水分高于 70% 会影响呼吸，导致菌袋缺氧不能正常生长，甚至使菌丝窒息死亡，感染杂菌，最终导致烂袋。

2. 香菇生长阶段

菌袋进入出菇期水分含量的高低直接影响到香菇的产量和质量，含水量过低就会导致出菇小、质量差。含水量过高会导致不出菇，菌袋容易腐烂，出菇菌袋含水量以 60% ～ 65% 为宜。

3. 空气湿度

（1）香菇菌丝生长阶段，空气相对湿度维持在 60% ～ 70%，如发菌时房间空气相对湿度超过 80%，遇高温时易发生杂菌感染尤其会导致链孢霉的产生，若空气湿度低于 50%，培养料因水分蒸发过快而偏干，也不利于菌丝生长。

（2）香菇子实体发育生长阶段，菇棚相对湿度要提高到 80% ～ 90%，促使菇盖初期子实体加快发育，减少畸形菇的形成，在出菇期相对湿度超过 90% 时，菇盖含水量增多，菇盖变薄品质较差，若低于 70%，则子实体生长迟缓，低于 50% 时就会停止出菇，已分化的幼菇也会因脱水而枯萎死亡。

四、空气

香菇是好氧性菌类，香菇菌丝与子实体在生长过程中，不断吸收空气中的氧气，排出二氧化碳。足够的新鲜空气是保证香菇正常生长发育的重要条件。菌丝体生长阶段，在较低的氧气条件下也能较好的生长。但在通氧较好的条件下菌丝生长速度加快。当子实体形成后，呼吸作用旺盛，对氧的需要会急剧增加，此时如空气不流通，二氧化碳积累过多，对子实体会产生毒害作用，香菇出现柄长、开伞早、畸形菇多。在栽培实践中，必须对菌袋刺孔，也就是为了补充菌丝生长所需的氧气。

五、pH（酸碱度）

香菇适合于偏酸性的环境中生长。适合香菇菌丝生长的 pH 是 3 ～ 7 之间，以 pH5.0 ～ 5.5 最适合，pH 大于 7 或低于 3 菌丝就会停止生长，造成不发菌，如遇高温季节生产，培养料过酸，每 1 000 袋可加 1 ～ 1.5 kg 石灰，石灰化水后拌入料中调节，生产拌料时不要让培养料堆积过高，避免发热，要求当天拌料、当天装袋、当天灭菌，以防培养料酸化。

第二节 生产管理

一、原材料的准备及要求

1. 原材料的选择

袋料香菇生产所需要的主要原料是木屑，其材料除含油脂的针叶树外，其他所有的阔叶杂木均能使用（选择硬质木最好，营养高）。

2. 伐木时间的选择

伐木的时间一般选择在秋冬季节为好，因为此季节树木含水量少，营养成分高。

3. 原材料的加工方法

用木屑粉碎机将木材粉碎加工成木屑备用。要求木屑的粗细要均匀，木屑过粗易刺袋，木屑过细又会影响菌袋发菌。

4. 木屑堆积发酵方法与要求

打好的新鲜木屑发酵 10 天后要进行翻堆。发酵的目的是促使木屑中的营养成分能够充分分解利用，同时不刺袋。但发酵时间不宜过长，如堆放时间过长而又未进行翻堆，会使木屑霉变，导致营养损失。

5. 麸皮选择

麸皮应选择新鲜、红皮粗片为好，要求不能使用变质霉烂麸皮，尤其购买中要注意防范掺假的伪劣麸皮，否则会严重影响香菇产量。

二、生产方法

1. 使用配方

每 50 kg 半干木屑配浓缩型抗霉剂 150 g。

（17 cm × 57 cm）香菇筒袋每生产 1 000 袋配料：半干木屑 1 600 kg，麸皮 225 kg，石膏 10 kg，浓缩型抗霉剂 5 kg（抗霉剂 4.5 kg+A 粉剂 500 g），水约 600 kg。装袋后标准重量 2.4 kg。

2. 使用方法

（1）先将浓缩型抗霉剂中的 A 粉剂 500 g（1 袋）倒入用塑料桶装好的 12.5 ～ 15 kg 水中，盖上盖子静置 15 min 后待用，15 min 后如有部分未融化，可进行搅拌使其完全融化。严禁将水倒入粉剂中，严禁使用铁桶。

（2）将抗霉剂 4.5 kg 分三次（每次 1.5 kg）倒入大塑料盆中，加入约 15 kg 水搅拌使抗霉剂融化。

（3）将融化后的抗霉剂溶液和 A 粉剂溶液按比例加入生产所需的水中。

（4）再将含有抗霉剂及 A 粉剂溶液的水泼洒到预先拌好的干

料中。要求：拌料均匀使每颗干料都能充分吸水后再装袋。

3. 含水量的配比计算方法

以（17 cm × 57 cm）规格袋为例，装袋的标准重量为 2.4 kg，用水量的计算方法：

干料拌好后首先装一袋结实的干料称出重量，如干料重是 1.75 kg，那么就用标准重量 2.4−1.75 kg 干料 =0.65 kg 水，这就是每袋需要加水的重量，例如：生产 1 000 袋，就用 1 000 袋 × 0.65 kg/ 袋 =650 kg（这就是生产 1 000 袋所需要的水）。量水最好用一次性能装 150 kg 或 100 kg 水的大桶，按生产所需几桶水，就把融化后的抗霉剂水溶液分成几份，分别加入每桶水中，然后再将该含有抗霉剂的水加入干料中。要求干料拌一次，湿料拌三次，确保均匀。

4. 生产装袋

用免割袋生产就是在原有香菇栽培袋内增加一只保水膜袋形成双袋栽培，保水膜袋就是免割袋。免割袋出菇生产与常规栽培方法基本一致。

（1）买袋要匹配，选用产品正宗、质量安全可靠的品牌产品。选购时宽度要选小于外袋 0.5 cm，长度要选与外袋一致的免割袋。

（2）粗糠装实袋，装袋时先套免割袋，只能占装袋机料筒长的五分之三，后套的外袋要套到装袋机料筒底部，推料时手只能压住外袋，不得压着内免割袋。

5. 常压高温灭菌要求

装袋后要尽快装锅灭菌，以免久置使培养料酸变，高温灭菌三要素：“攻头、保尾、控中间”，要求选用干的柴火保证开始有猛的火力，争取用最短的时间使温度升到 98℃，确保在 5 h 内上大热气。

一次性高温灭菌以不超过 5 000 袋为宜，高温灭菌第一次鼓气后，选择温度最低的方位用手触摸从底部上来第三层，手感觉热烫后要先排冷气约 20 min，排出的冷气感觉热烫后再封闭，等第二次上大热气后同时要检查确保气温达到 98℃以上，达到此要求时，用抗霉剂生产的灭菌时间只需保持 12 ～ 15 h 即可停火；但停火后不能马上揭开塑料纸，要求继续闷 5 h 以上，等自然降温，冷却后再出锅。灭菌时要求锅炉底部四个角分别插 4 支长 35 cm，直径 2 cm 的塑料管保持向外通气。灭菌切勿让中间部分和底部产生死角，为确保热气流通建议叠堆装锅时在中心部位留 30 cm 大的空洞以便蒸气循环。灭菌是否彻底直接关系到生产的成败，望广大菇农切勿大意！

6. 冷却接种

（1）生产前首先要准备好接种培养室或接种菇棚，开放式接种要求选用可密封的小房间或选用培养的菇棚。接种培养场地要求干燥、不潮湿，必须在菌袋高温灭菌前清理干净，用硫磺或甲醛进行预先空间消毒。

（2）当菌袋通过高温灭菌结束后，将菌袋搬入预先消毒好的接种房进行冷却，朝路边有风向的门或窗可关闭以防灰尘进入，其他门窗可打开通气。菌袋侧面朝上以“一”字型排放，高度不超过 1.2 m，排与排之间要保留大于 30 cm 的空间以便散热，这样才能使菌袋尽快冷却，严禁在菌袋尚有余温的情况下接种。菌袋内料温一定要降到 28℃以下时方可接种，否则高温接种就会把菌丝烧死造成霉变。

（3）每 1 000 袋用 1.5 瓶甲洁星进行开放式接种，一次性接种以 3 000 袋以下为宜。

①按菌袋数量将所需菌种、套袋、打孔棒、药棉及放菌种备用的塑料盘等一切所需用具放在菌袋上面一起消毒。

②按接种房间的大小，以每立方米用 8 g 强力消毒剂的药量，分别放在菌袋的两端及中间三个位置点燃进行封闭消毒，消毒 4 h 后开始接种。

③用药棉蘸上甲洁星药液，选菌袋结实的侧面部位擦上该药液，以擦 10 袋，打孔 10 袋的时间差为好（要求药液半干后才能打孔），防止边擦药边打孔将甲洁星液体带入接种口导致不发菌。

④按八人一组，一人擦药及打孔、三人接种、四人套袋，争

取在 4 h 内完成接种，以防止时间过长药物失效。点种位置要选择侧面，以便培养摆放。

⑤开放式接种注意事项：a. 接种人员要换干净衣服。b. 开始接种前手与接种工具以及备用的菌种在未剥开前首先要用酒精擦拭消毒。c. 甲洁星药液会有沉淀，用时要先摇晃均匀再倒入碗中备用。d. 接种房间不可对流通风，房间要求干燥不潮湿，房间温度不超过 20℃，如在 20℃以上的天气要选用早上或晚上接种。严禁在高温、高湿的环境下接种。

三、菌袋培养管理

（一）发菌管理

（1）农历正月前后生产，培养菌袋的房间温度低于 13℃，要求加温一个星期，使接种时受伤的菌种尽快恢复萌发，至接种口变白为止。

（2）菌丝生长的温度范围在 6 ～ 32℃之间，最适宜温度为 20 ～ 23℃。在 6℃以下和 30℃以上菌丝生长不良，30℃以上菌丝停止生长，32℃菌丝将很快死亡。所以如果房间温度低又不采取加温那么就会导致不发菌，时间长了就会造成死菌霉变。相反，如果温度高就必须将菌袋尽快疏散降温，任何情况下都要确保菌袋的遮阴及通风，否则就会造成烧菌导致严重感染。

（3）气温在 15℃以下的生产季节，接种后按“一”字形摆放但高度不得超过 1.2 m，行与行之间要留 30 cm 以上距离以便空气流通。

（4）气温在 20℃以上的季节生产，严禁接种后关闭门窗，接种后按“井”字形摆放，行与行之间要留 30 cm 以上距离的通风道。

①当接种口菌丝发至 8 ～ 10 cm 大时，将外套袋脱去进行翻堆，按“井”字型摆放。

②当菌丝相互连接在一起，菌丝长到菌袋的 1/3 大时，马上要对菌袋进行放小气刺孔，否则菌丝会因缺氧出现暗淡、无力、

变红，刺孔后菌丝才能恢复粗壮萌发。刺小孔用 0.2 ～ 0.3 cm 的铁丝，深度 1.5 cm，刺孔的部位选择在接种口的四周，刺 6 ～ 8 个小孔，刺孔时要注意：

a. 刺孔位置要在菌丝末端 2 cm 以内。

b. 菌袋空的地方不能刺。

c. 刺孔时针要向内斜刺，以防将空气带到未发菌的地方造成感染。

d. 刺孔后每三袋一层按“井”字形摆放，高度不超过 8 层，行与行之间要留 60 cm 以上距离的通风走道。

③当菌丝布满全袋后，有个别原基（瘤状物）形成时就要尽快进行刺孔排大气，严禁菌丝布满全袋后瘤状物已长很多，甚至开始转色时再排大气。排大气的目的就是让菌袋排出废气吸收氧气，使菌袋充分分解养分顺利进入转色阶段。如排大气不及时或者刺孔数量不足，将会造成菌袋缺氧，严重时会导致不出菇或产量减少，因此排大气至关重要。排气的孔数多少要根据你所选择菌种的特性及菌袋的含水量而定。凡是选用我区提供的康田庆丰源 908# 、258#、永丰、康田 1 号、康田 5 号菌种，其生产规格袋（17 cm × 57 cm），标准重量在 2.4 kg 的按以下技术要求进行排气。

a. 刺孔工具选用直径 0.5 ～ 0.6 cm 的梅花形螺丝刀或选购我单位专供的自动刺孔机。

b. 刺孔深度 6 cm，要求达到菌袋的 2/3 深，要求每针都必须刺到菌袋中间。市场上有些刺孔机只能刺到菌袋表皮将会严重影响排气，请选择刺孔机时要仔细观察。

c. 刺孔方法：在菌袋的四周刺 7 ～ 8 排，每排 8 ～ 9 个孔，合计排大气孔数 60 ～ 70 个。

d. 选用康田庆丰源 321# 品种，（17 cm × 57 cm）规格袋生产标准重量 2.5 kg，刺孔只能 55 个。

e. 选用免割袋生产的菌袋，在排大气的同时要将外袋袋头割断并将外袋撑开拉直，排解夹层黄水以便更好通气，避免闷袋。

（二）越夏管理

1. 越夏首选室外菇棚越夏，生产前先建好出菇棚

（1）菇棚长以不超过 15 m 为最理想。

（2）菇棚内空宽 4 m。①左边靠农膜位置空 10 cm、架宽 40 cm，左边走道 100 cm。②中间双架宽 100 cm（摆放时两排菌袋之间留 20 cm），右边走道 100 cm。③右边靠农膜位置空 10 cm、架宽 40 cm。

（3）菇棚高度以地面起计，左右两边高度 1.95 m，中间高度 2.3 m。

（4）层架高度确保距离在 25 cm 以上，设计 6 层。

（5）室外越夏要搭建外遮阴棚，外架高 2.8 ～ 3 m。

2. 菌袋排大气后可直接将菌袋进入菇棚越夏

越夏期间以便更好散热通气，排大气后可将菇棚上边的农膜取下，等待出菇时再覆盖使用。山区有条件的，外棚上边及四周用树叶枝条遮阴最理想；另可选择用双层遮阳网遮阴，双层网之间间隔 50 cm 以上。无论选择哪种遮阴条件，都要求不能有太阳光直射菌袋。在越夏过程中菌袋朝上的转为棕色后可进行翻袋，将未转色的白面朝上，已转为棕色的一面朝下，有黄水的袋口朝低处放置以便黄水排出。越夏要确保通风及遮阴，无论是选择室内还是姑棚越夏，室内温度都不得超过 30℃，严防闷热烧堆。

第二节　出菇管理

出菇管理要根据香菇品种特性安排出菇时间。当菌袋经过长期培养，菌丝生理已到达成熟，这时应安排合适的温度及时进行催蕾管理。

夏季高温品种出菇时间为 5 ～ 8 月，中温品种出菇时间为 9 ～ 11 月，中偏低温品种出菇时间为 10 月到翌年 4 月。

中偏低温品种在气温降至 23℃以下适合出菇温度范围时，一般是中秋节前后，这时菌袋对外界刺激非常敏感，不要对菌袋强烈碰撞振动、拍打或搬运；否则就会造成出菇过多、过猛、菇小质量差。

一、催蕾出菇时间安排

（一）高温品种

康田5号、武香、C18等安排出菇时间5～8月。其中康田5号菌龄120天以上，要求11月份内完成生产装袋，待第二年5月适合出菇时间时，凌晨4～5点对菌袋进行敲打震动催蕾。

（二）中温品种

康田1号、永丰、808等出菇时间，以汉台区为例，安排在公历九月上旬，选早上最低温度18℃以下，日夜温差10℃以上的天气进行催蕾。

（三）中偏低温品种

908#、258#、321#等冬菇品种，出菇时间在公历十月中旬，选最低温度15℃以下，日夜温差10℃以上的天气进行催蕾。

二、催菇蕾方法

催菇蕾方法要根据菌袋的水分来定催蕾方法。

（1）如菌棒在1.5 kg以下，可选用注水催蕾。方法是：选择降温天气进行注水（注水后的菌袋重量（17 cm × 57 cm）的成品袋不能超过2.25 kg）。注水后如菌袋是在菇棚养菌，必须去掉多余的遮阴物，只能一层遮阴网，使菇棚内有一定的散射光才能形成小菇蕾。若光线太暗，难以形成小菇蕾，且菇脚长，菇盖小，品质差。注水后要覆盖好薄膜，等第二天晚上8点左右再把四周薄膜掀开，在第三天早上8点再把薄膜盖好，这样连续反复刺激三天，菌袋小菇蕾形成后，脱去外层筒袋在层架上摆好，进行育菇管理。

（2）菌袋在1.5～2 kg之间，可选用轻微振动催蕾法，方法是：选择降温天气，凌晨4～5点的时间进行轻微振动。振动后掀去多余遮阴物，三天后见小菇蕾有筷子头大小时，脱去外层筒袋，在层架上摆好，盖好薄膜保湿育菇二至三天，见菇蕾有 1.5 cm 大小时掀开薄膜。

（3）重量在 2 kg 以上的菌袋，选用振动催蕾法，凌晨 4 ～ 5 点，取两菌袋重碰三次，其他按轻微振动法操作。

（4）出第一茬菇前尽量不要注水，控制不好会使菌袋水分超重导致不出菇，甚至烂袋，同时注水也会导致第一茬出菇过多，影响以后产量。如菌袋水分的确严重不足的，最好是在小菇长出 1 cm 大时再进行补水效果最好。

三、长出菇蕾后的出菇管理

该阶段菇蕾对外界环境条件的适应能力较差，应注意空气温度及湿度对菇蕾的影响，在温度较高的第一茬出菇，要求三分阳七分阴，力求保湿降温，加强通风，每天喷两次水，以保证菇棚空气湿度，使菇蕾正常生长，等香菇菌膜离开，长至八分成熟时及时采摘。

四、采收后的管理

一茬菇采收后，要摘干净菌袋上留下的菇脚，并对死菇进行清除以免产生绿霉，然后通风养菌 15 天左右，再进行下一茬的补水育菇管理。注意：第一茬出菇后，以后每一茬补水催蕾，温度高时要选降温时补水催蕾，温度低时要选升温时补水催蕾。康田 1 号、康田 5 号、永丰等品种每一茬菇采收后要通风养菌 35 天以上，再进行下一茬的补水育菇管理，如果养菌不够，急于注水会导致菌袋提前腐烂，以上品种补水后重量不得超过 2 kg。

第四节 病虫害防治

在香菇生产的过程中，常受到病虫的危害，如果防治不利，轻则造成减产，重则栽培失败，所以，必须引起高度重视。

一、香菇主要病害

（一）木霉

木霉（*Trichoderma* spp.）又称为绿霉菌，木霉靠孢子传播，常借助气流、水滴、昆虫、原料、工具及操作人员的手、衣服等为媒介，侵入培养基内，一旦条件适宜就会萌发繁殖为害。当生产环境不清洁、培养料灭菌不彻底、接种操作不严格，且处于高温高湿条件时，就给木霉侵染造成良机，尤其是多年的菇场和老菇房，常是木霉猖獗危害的场所。

危害香菇生长的所有杂菌中，木霉威胁最大。木霉适应性强，繁殖速度快，它本身能分泌毒素，抑制香菇菌丝生长。木霉能生长在生长势减弱的香菇菌丝体上，使香菇组织细胞溶解死亡。

木霉在 4 ～ 42℃范围内都能生长，孢子萌发喜高湿环境，侵害香菇培养基时，初期为白色棉絮状，后期变为绿色。菌种如果被木霉危害，必须报废，即使轻度感病的菌种也应弃之不惜。

木霉至今没有理想的根治性药物，常用的杀菌药，对木霉只是抑制，而不是杀死，加大药量，只能同时杀死木霉和香菇菌丝。因此，创造适合香菇菌丝生长而不利于木霉繁殖的生态环境，是控制危害的根本措施。

（1）一旦发生木霉为害，要立即通风降湿，以抑制木霉菌的扩展。

（2）处于发菌阶段的培养料感病以后，可采用注射药液的方法抑制木霉扩张，常用的药液有 5% 的石碳酸、2% 的甲醛、1 ∶ 200 倍的 50% 多菌灵、75% 甲基托布津、pH 为 10 的石灰水，此外，往污染处撒白灰面，防治效果也很好。

（二）链孢霉

链孢霉（ *Moniliales* ）生长初期呈绒毛状，白色或灰色，生长后期呈粉红色、黄色。大量分生孢子堆集成团时，外观与猴头菌子实体相似，链孢霉主要以分生孢子传播为害，是高温季节发生的最重要杂菌。链孢霉菌丝顽强有力，有快速繁殖的特性，一旦大发生，便是灭顶之灾，其后果是菌种、培养袋或培养块成批报废。

防治链孢霉，首先应尽量避免在高温季节生产。在香菇发菌阶段温度最好控制在20℃以下，这样链孢霉生长缓慢，可减少污染。香菇发菌场所潮湿有助于链孢霉的发生，所以控制发菌场所的湿度就可以有效地防止链孢霉发生。链孢霉的药物防治可参照木霉的防治。菌袋生产时，如果发现链孢霉，要在分生孢子团上滴上柴油，可防止链孢霉的扩散。菌袋发菌后期受害，一般不要轻易报废，可将受害菌袋埋入深30～40 cm透气差的土壤中，经10～20天缺氧处理后，可有效减轻病害，菌袋仍可出菇。

（三）毛霉

毛霉（*Mucor* Fresen.）又叫黑霉，长毛霉，菌丝初期白色，后灰白色至黑色，说明孢子囊大量成熟。该菌在温度较高、湿度大、通风不良的条件下发生率高。生长速度明显高于香菇菌丝，毛霉菌丝体每日可延伸3 cm左右。

毛霉在香菇菌丝体培养期间侵染时，蔓延速度快，数日内便能布满基质，而受害的香菇菌丝则生长缓慢，尽管最终仍能伸达基质各处，但香菇菌丝已无正常浓白色，而是呈灰黄色。

发生的主要原因是基质中使用了霉变的原料，接种环境含毛霉孢子多，在闷湿环境中进行菌丝培养，等等。防治方法同木霉。

二、香菇主要虫害

虫害主要是螨类如红蜘蛛、菌虱。培养基发生螨害后，接种部位的菌种块不萌发或萌发后菌丝外观稀疏暗淡，并逐渐萎缩，严重时培养料中的菌丝会被全部吃光，造成栽培失败。

防治措施有：

（1）搞好培菌场所的环境卫生，可有效地杜绝螨害的发生。

（2）对发生螨害的培菌室，在重新使用前用敌敌畏等药物熏蒸杀螨。菌丝体培养期间可喷洒1 000倍液的三氯杀螨醇或500倍液的克螨特效果较好。子实体培育期间不宜用药，否则菇体易产生药害，食用后危害人体健康。

第二章　大球盖菇栽培管理技术

大球盖菇（*Stropharia rugosoannulata* Farl. ex Murrill）隶属于真菌门、担子菌亚门、伞菌目、球盖菇科、球盖菇属。大球盖菇子实体中粗蛋白、粗纤维的含量比较多，分别占到总体含量的25.75%和7.99%，所以品尝起来的口感非常好，有素中之荤的美誉。

大球盖菇又名红菇，属于球盖菇科的珍稀食用菌，是国际菇类市场的十大品种之一。营养丰富，鲜菇肉质细嫩，柄脆，含野生菇香味，口感好。

大球盖菇色泽艳丽，营养丰富，肉质细嫩，盖滑柄脆，清香可口，目前在许多欧美国家广泛栽培，我国研究栽培起步较晚，近年来我区在旱地、稻田栽培获得良好的经济效益。大球盖菇主要是利用稻草、玉米秸秆、麦草等农作物秸秆栽培，具有栽培技术简单、易推广、产量高的特点。推广栽培大球盖菇，可以大量消耗农作物秸秆，保护农村生态环境，同时也可以改良土壤，提高土壤有机质，提高农业的综合效益。

目前没有相关栽培品种名称，生长上栽植的品种通称为大球盖菇。

第一节　种植环境要求

一、温度

菌丝生长温度范围为5～34℃，最适温度为24～ 28℃，子实体形成所需温度为4～30℃，最适温度为12～25℃。在适温范围内，温度低，菇体生长慢，朵形较大，柄粗肥厚，菇质优，不易开伞；温度偏高，菇体生长快，朵形小，易开伞。

二、光照

菌丝生长期间不需要光照，子实体生长时供给 100 ～ 150 Lx 散射光，可促进子实体健壮，提高质量。在实际栽培中，菇场以三分阳七分阴为宜。

三、水分与空气湿度

菌丝在基质含水量为 65% ～ 75% 的条件下能正常生长，出菇期培养基含水量要达到 75% ～ 80%，空气相对湿度为 85% ～ 95%。

四、空气

大球盖菇是好气性菌类，新鲜的空气可以促进发菌和子实体生长，出菇期间通气不良，菇柄伸长，菇质下降。

五、pH（酸碱度）

大球盖菇适应于微酸性环境，以 pH5 ～ 7 为宜。在偏碱的培养基上，菌丝生长缓慢。大球盖菇菌丝发满后需要覆土，不覆土则少出菇甚至不出菇。覆土以沙土为宜，土壤适宜的 pH 为 5.5 ～ 6.5。

第二节　生产管理

一、培养料的选配与处理

配方：干纯稻草 90%，谷壳 10%；干纯麦秸 100%；大豆秆 50%，玉米秸 50%；干稻草 80%，干木屑 20%；干稻草 40%，谷壳 40%，杂木 20%。播种前稻草、麦秸须浸水 2 天，在高温天气原料应经 2 ～ 3 天的预堆发酵，翻堆散热后，再用作栽培。培养料的含水量要达到 70% ～ 75%。

二、栽培季节安排

在气温 8 ～ 30℃时均可播种，最适气温是 15 ～ 26℃，从播种、出菇至收获结束需 6 ～ 8 个月。在我区，以水稻收获稻草晒干后就播种较好，播种推迟影响产量，至来年插秧时收获结束（种植油菜这个周期）。

三、播种方法

1. 场地选择

（1）宜选择近水源、排水方便的地方。栽培中使用的大量稻草需要浸湿，整个管理过程中需要喷水保湿。在雨多的时候不可以积水，以保证大球盖菇的正常生长。

（2）在土质肥沃、富有腐殖质而又疏松的壤土中种植，有利于早出菇和提高产量。我区沿汉江河边沙壤土大部分地方适合大球盖菇种植。

（3）宜选择避风又有部分遮阴的场所，大球盖菇喜半遮阴的环境，切忌选择低洼和过于向阳的场地。

2. 整地做畦

在栽培场地四周开好排水沟，防止雨后积水。地块清理杂草后用旋耕机进行旋耕，以利于做畦，畦宽 40 ～ 60 cm，行宽 60 ～ 80 cm。以冬闲田进行塑料保护棚栽培，为创造大球盖菇的半遮光的生态环境，可在顶部加上一层塑料遮阳网，或者种植蔓生植物，适当遮光，也可以另加草帘等创造半遮光、保湿、保温的环境。根据气候变化以及出菇情况进行通风管理。

3. 场地消毒

在整地完成后，可以泼浇 1% 的茶籽饼水，防止蚯蚓危害。在地上和四周喷敌敌畏。如果选用山地作菇场，必须撒用灭蚁灵、白蚁粉等灭蚁。

4. 播种

先在畦内铺一层 20 cm 厚经过浸泡处理的稻草（或者铺干秸秆后再充分浇水），不要超过 30 cm 厚，也不要低于 20 cm 厚，宽 40 ～ 60 cm 龟背形畦床，畦与畦之间留 60 ～ 80 cm 的人行沟道。把稻草压平踏实，再在稻草上铺一层经过预湿的稻壳，把菌种掰成鸡蛋大小放在稻壳上，进行播种，采用梅花形或三角形点播，距离 10 ～ 12 cm。每平方米用干稻草 10 ～ 15 kg，用种量 0.6 ～ 0.7 kg，增加播种数量，或采用播双层菌种，可使菌丝生长更快。播种完成后把扒向两边的细土盖在稻壳上，盖土厚度在 3 ～ 5 cm 成龟背形畦床。最后在表面盖一层稻草保温、保湿。

四、科学管理

当料温高过 30℃要揭膜通风，在畦面喷冷水降温，畦面干燥时也应喷水以保湿，要求雾状水，使覆土层湿润而水不进入料内为准。气温 10℃以下和雨天应盖膜。播后 4 ～ 5 天菌丝开始萌发，覆土材料应用腐殖土，土壤含水量保持 20%，覆土总厚度 3 ～ 5 cm，如果温度合适覆土后 15 ～ 20 天即可见到菌丝露出土面，待菌丝全部露出土面后，把薄膜揭开停止喷水。土层内菌丝开始形成菌束，扭结大量白色子实体原基时应注意畦面土壤的湿度，使小原基膨大形成小菌蛋，让空气相对湿度保持在 85% ～ 95%。喷水掌握少喷勤喷，表土有水分即可。从小菌蛋到成熟期，一般需 5 ～ 10 天。

第三节　出菇管理及病虫害防治

一、出菇管理

成熟的大球盖菇要求菌盖菌膜未破裂，菌盖内卷不开伞，及时采收。采菇时用左手压住物料，右手指抓住菇脚轻轻转动，再向上拔起，除去菇脚的泥土即可上市鲜销（一边采收，一边用刀削去带泥土的菇脚，防止菇体带泥，影响产品商品性），也可切片烘干制成干菇或者进行盐浸，制成盐浸菇销售。第一潮菇收完后，应补充足够水分，经 10 ～ 12 天，又开始出第二潮菇，可连出 4 ～ 6 潮菇。

二、病虫害防治

大球盖菇抗性强，易栽培。据栽培的实践及近年来推广的情况来看，尚未发生严重危害大球盖菇生长的病害。

1. **大球盖菇主要病害**

在出菇前，偶尔也会见到一些杂菌，如鬼伞、盘菌、裸盖菇等竞争性杂菌，其中以鬼伞较多见。现将主要防治措施分述如下：

（1）鬼伞常在菌丝生长不良的菌床上或使用质量差的稻草作培养料栽培时发生。主要防治措施是：保持稻草新鲜干燥，栽培前让其在烈日下暴晒2～3天，利用阳光杀灭鬼伞及其他杂菌孢子。

（2）栽培过程中掌握好培养料的含水量，以利菌丝健壮生长，让菌丝占绝对优势。

（3）鬼伞与大球盖菇同属于菌类，生长在同一环境中，彻底消灭难度大，在菌床上若发现其子实体时，应及早拔除。

2. **大球盖菇主要虫害**

大球盖菇的栽培过程，较常见的害虫有螨类、跳虫，菇蚊、蚂蚁、蛞蝓等。

主要的防治措施有：

（1）选好场地，严禁在白蚁多的地方进行栽培。场地最好不要多年连作，以免造成害虫滋生。

（2）在栽培过程中，荫床周围放蘸有 0.5% 的敌敌畏棉球可驱避螨类、跳虫和菇蚊等害虫。也可以在菌床上放报纸、废布并蘸上糖液，或放新鲜烤香的猪骨头或油饼粉等诱杀螨类。对于跳虫，可用蜂蜜 1 份、水 10 份和 90% 的敌百虫 2 份混合进行诱杀。

第三章　羊肚菌栽培管理技术

羊肚菌（*Morehella esculenta* (L.) Pers）是羊肚菌科、羊肚菌属真菌，菌盖近球形、卵形至椭圆形，高可达 10 cm，顶端钝圆，表面有似羊肚状的凹坑。凹坑不定蛋壳色至淡黄褐色，棱纹色较浅，柄近圆柱形，近白色，中空，圆筒形，孢子长椭圆形，无色，侧丝顶端膨大，体轻，质酥脆。

羊肚菌多生长在阔叶林或针阔混交林的沙壤土中或褐土、棕壤土腐殖质层上，在火烧后的林地上比较容易生长。羊肚菌是食药兼用菌，其香味独特，营养丰富，富含多种人体需要的氨基酸和有机锗，一直被欧美等国家作为人体营养的高级补品。羊肚菌是当前最具有热度，最具有前景的珍稀食用菌，其产业需要科技支撑和科学引导，并且需要掌握一定技术和管理能力。

目前我区生产的品种有：高产（梯棱羊肚菌，六妹羊肚菌，七妹羊肚菌，九妹羊肚菌）；低产（黑色类群（如 Mel–15，Mel–21），少数黄色类群）。

栽培过程中，避免因为菌种不同而不出菇的方法。

（1）不要把每一株野生标本都组织分离，进行出菇实验或直接用于大田生产。

（2）从人工栽培的品种中，对菇形好、产量高的再进行选育。

第一节　种植环境要求

一、温度

羊肚菌属低温型真菌。菌丝在 10 ～ 20℃能快速生长，不能超过 25℃。外界环境温度低于 20℃是适宜的田间播种温度。4℃以下低温刺激一周以上有利于菌丝分化形成原基，10℃以上昼夜温差刺激对子囊果的形成有重要作用。

二、光照

在菌丝生长期间不需要光照，强光对菌丝的生长有抑制作用。微弱的散射光对原基和子囊果的生长发育有促进作用。在子囊果生长发育期间，应避免强光直射产生畸形菇。

三、水分与空气湿度

羊肚菌是喜湿型真菌，在菌丝生长发育阶段，覆土层土壤含水量应在 15% ～ 25%，原基形成和子囊果形成期间土壤含水量应达到 20% ～ 28%。在管理期间，含水量不够时应定期人工补水。在子囊果发育期间，当遇高温天气，加强通风，降低环境空气湿度，以免高温高湿环境引起病害爆发。

四、空气

羊肚菌属好气型真菌，在生长发育期间需要消耗大量的氧气，同时释放二氧化碳。羊肚菌的菌丝可以耐受较高的二氧化碳浓度，但在子囊果形成期间应降低二氧化碳浓度，否则会导致子囊果剂形，菌柄增长，菌盖短小。实际生产过程中通过通风来调节二氧化碳浓度。

五、pH（酸碱度）

pH 在 6.5 ～ 8.5 的中性或微碱性环境有利于菌丝生长。在灰碳土、腐殖土、黑黄色壤土或沙质混合土中，羊肚菌均能正常生长。

第二节　生产管理

一、场地的选择和建设

1. 场地的选择

选择弱碱性至微酸性土壤，疏松、透气，有一定的持水性，沿汉江周边沙壤土最为适宜。水质要求：清洁、无污染，同时还应具备水电便利、交通方便，农药残留成分较低等条件。

2. 栽培棚搭建

（1）拱棚要根据栽培地区海拔和当地气候搭建，棚高一般为 2.5 ～ 2.8 m，宽 6 ～ 8 m，长度可依据地形决定，一般 30 ～ 50 m。大棚要求防风、保温和保湿，并能避免阳光直射。在棚中装配微喷喷灌设施保持湿度，安装风机和水帘调节温度和通风。

（2）林下栽培和简易棚则要求较低，只要保证区域避免阳光直射，并安装灌溉设施保证湿度即可，在温度较低地区也可搭建小拱棚防止冻伤。

（3）玻璃温室对于栽培羊肚菌来说具有很多优势，可有效调节羊肚菌子实体生长阶段所需的温度、湿度、光照、空气等条件，但是建设和维护成本较高，有条件的农户或企业可建造玻璃温室。

（4）设施化蔬菜大棚有利于保温保湿，促进出菇提前，后期温度控制需要关注。建设和维护成本较高，有条件的农户或企业可建造使用。简易拱棚，优点是投资少，但存在温度、湿度调控难度较大的问题，需进行设施优化。

二、羊肚菌栽培技术

羊肚菌栽培技术流程：具备优良结实性菌株—高质量菌种—制备营养袋—选择合适地块（搭建大棚）—建畦、挖沟、播种、覆土、压袋—后期管理（调节温、湿度）—采收、销售。

（一）菌种制备

1. 培养料配方

小麦 50% ～ 60%，木屑 30% ～ 40%，谷壳 10% ～ 20%，土 0% ～ 20%，磷酸钙 1%，石膏 1%，水分 60% ～ 63%。

2. 灭菌方式

121℃灭菌 210 min。常压灭菌容易菌种污染，导致减产或无产。

3. 接种方法

无菌室密闭无菌环境下，保证菌种纯净无杂菌。

4. 接种量

接种时，须注意接种量保持均匀，发菌、成熟时间才能同步培养。菌种培养需 20 ~ 25℃，避光培养后 15 ~ 20 天长满；培养时温度不恒定易导致菌种退化，影响产量。

5. 菌龄标准

菌种满袋后 10 ~ 15 天即可用，未满袋时菌种抵抗力不够，易污染杂菌；满袋时间过长菌种已退化。

6. 外观品质标准

菌丝颜色、浓密程度、菌核数量都与产量没有直接关系。

7. 营养袋

营养袋是羊肚菌栽培过程中特有的操作。适时放置可提高羊肚菌的出菇。大小为 12 cm × 24 cm，单袋湿重 150 ~ 200 g，不宜过大。数量适宜 1 700 ~ 1 800 袋 / 亩。播种后 15 天左右，打孔，压实，摆放 40 ~ 50 天后取走。

（二）播种方式

汉台区种植时间以 11 月 10 日至 11 月底为高产，种植期尽量不要超过 12 月 20 日为好，种植温度在 16℃以下为宜。

1. 撒播

将菌种捏碎，分散撒到地面，然后覆土 1 ~ 2 cm。

2. 穴播

将土地扎穴，菌种置于穴中，覆土培养。

3. 畦播

将土地起成畦条，然后播种覆土。

4. 沟播

将地块挖成深 2 ~ 4 cm 深的沟，然后将菌种撒到沟内，覆土。

播种时先建 80 cm 左右的畦，然后挖 3 cm 左右的沟，将菌种分散撒播在开好的沟内，然后覆土 1 ~ 2 cm。播种后 15 天左右压营养袋，营养袋压上以后，根据情况保温，保证菌丝生长的温度。菌种播下以后，根据情况及时补水。土壤湿度保持在 50% ~ 60%。并根据环境温度做保温处理。

第三节　出菇管理

一、环境要求

（一）水分

1. 催蕾

春季气温升高到 6 ～ 10℃时，需进行一次大水催蕾。用水量 5 kg/m^2，土壤湿度 60% ～ 80%，空气湿度 85% ～ 95%。

2. 后期

原基形成期间不用补水。幼菇期少量喷水，1 ～ 2 次 / 天。后期加大喷水量和次数，中午高温期间勿喷。

（二）通风

通风不仅能促进氧气的供应，还有助于提高培养环境中的湿度。若是出菇期遇到阴雨天气，及时加薄膜，但是不能关闭棚口，保持通风。雨过天晴，及时去掉薄膜，保持良好的通风。

（三）温度

出菇期间，棚内温度应保持在 5 ～ 25℃，高温或低温都不可以。设施化暖棚比简易冷棚、林下种植出菇早。

（四）光照

大水催蕾后，应稍增加大棚的光照强度，但是不能让太阳光直接照射，应该用弱的散射光进行刺激催蕾。

二、采收和加工

（一）采收

商品菇菌盖一般不超过 7 cm，菇柄长度 3 ～ 5 cm，整菇长度 7 ～ 12 cm；子囊果菌盖表面的脊和凹坑明显开裂，即达到成熟阶段，应立即采收，避免过熟影响品质。采收时不要将菌柄基部留在地里，易引起杂菌感染。

（二）简单加工

干制：将采收的子实体通过烘干设备或者晾晒，实现羊肚菌子实体干制的过程，便于市场流通，延长保质期。

冻存：将新鲜子实体快速冻存能够较长时间保持羊肚菌的品质。

羊肚菌同一地块只能种植一年，第二年需要换茬。主要是因为种植羊肚菌后，土壤杂菌严重超标，不适宜继续种植羊肚菌。

第四节　病虫害防治

一、羊肚菌主要病害

（一）竞争性杂菌

某些盘菌类、鬼伞类等真菌会和羊肚菌争夺营养，侵染子实体，影响产量。此外鬼伞、黏菌等也会污染厢面，造成羊肚菌产量的降低。

（二）蛛网病

从菌丝体蔓延到子实体，病原菌金黄菌寄生。

（三）细菌性软腐病

高湿条件下菌柄易发生严重的细菌病害，表现为菌柄呈水渍状，颜色变深，组织软塌，严重时倒伏。

（四）生理性病害（冻害）

由不适宜的环境因素引起而非病菌感染所致的非健康生长状态；缺氧导致菌丝稀疏；低温使子囊果致死；温度偏高使子实体畸形。

二、羊肚菌主要虫害

软体动物（如蛞蝓、蜗牛等）的分泌物或者直接咬食子实体，影响菇体发育。一些昆虫（如跳虫、木蠹蛾幼虫等）通过咬食子囊果或菌丝体对羊肚菌的生产造成危害。

防治措施：栽培场四周挖深沟，经常撒石灰和喷洒高效低毒杀虫杀菌药或用塑料纱网隔离，防止害虫进入。宜用黑光灯、频振式杀虫灯、黏虫板、盛有蜂蜜、高浓度杀虫剂稀释液的诱集盆等诱杀害虫。黏虫板悬挂高度离地面 0.5 m 为宜。

第三部分　果树生产

汉台区的果业主要分布在两个区域，即位于秦岭南麓丘陵坡地的柑橘产业带和环绕城市周边的特色水果产业带，覆盖全区 50 余个行政村，形成以柑橘、猕猴桃为主，桃、李、杏、梨、葡萄等特色水果加快发展的格局。目前，汉台区果园面积达 7.5 万亩，其中柑橘 5 万亩、猕猴桃 1.3 万亩、桃李杏等特色水果 1.2 万亩。果园面积占汉台区耕地面积 30%，果品总产 6.5 万吨，一产产值达 3.5 亿元。

近年来，主要推广的实用技术有柑橘提质增效六项配套技术、猕猴桃立体牵引技术、化肥农药减量施用技术、果园生草技术、病虫绿色防控技术等，果业生产标准化、集约化水平显著提高，果品质量稳步提升，产业链建设不断完善，果业生产效益持续攀升，群众发展积极性充分调动，为深入推进乡村振兴夯实了基础。此部分我们主要介绍常见 7 种果树的栽培管理技术。

第一章　柑橘栽培管理技术

柑橘（*Citrus reticulata* Blanco）属芸香科植物，是世界上第一大水果，据文献记载，我国柑橘已有4 000多年历史。近几年来，世界柑橘产业受到了各主产国的高度重视，得到前所未有的蓬勃发展，无论在栽培方面，还是在柑橘总产量方面，都呈现出了持续稳步上升的趋势。

汉中柑橘种植历史悠久，最早可追溯至秦汉时期。《史记》载“蜀、汉、江陵千树橘……此其人皆与千户侯等。”可见2 000多年前的长江流域和汉中汉江流域已有大面积的柑橘种植。汉中柑橘主要分布于秦岭南麓、巴山北坡的浅山丘陵，即北纬31°42′～33°43′区间，现已成为我国北缘地区柑橘产业化、专业化、集约化程度最高，规模最大的生产基地。

汉台区属于北亚热带季风气候区。区域内山清水秀，汉江横贯东西，环境优良，无大型工矿企业污染，植被覆盖率达60%以上，年平均气温14.2～15.8℃，1月份平均气温2.0～3.5℃，极端最低气温-10.0℃，昼夜温差12℃以上，≥10℃积温4 400～4 900℃，日照时数1 500 h以上，年降水量650～1 140 mm，无霜期244天左右。逆温层带和坡壁效应明显，冬无严寒，夏无酷暑，雨量充沛，光照充足，土壤肥沃，大巴山又将其与我国其他柑橘主产区隔离开来，形成一个天然的地理隔离区，柑橘病虫害种类少，危害期不长，无检疫性的柑橘黄龙病和溃疡病，是发展无公害、绿色、有机食品的理想区域。

汉台区优越的生态气候条件造就了柑橘的优良品质，这里的柑橘果面光洁、色泽艳丽、皮薄肉嫩、多汁爽口、酸甜适度，深受消费者青睐。汉台区昼夜温差大，秋季降温早的特点，有利于果实提早成熟，特早熟温州蜜柑比南方柑橘成熟期和上市时间提早 10 ～ 15 天，一般在九月下旬至国庆节即可上市，对销售极为有利。同时，由于我地柑橘产区距“三北”市场及俄蒙柑橘消费市场最近，运输成本低，市场优势明显。近年来产品销往广东、甘肃、宁夏回族自治区，内蒙自治区、新疆维吾尔自治区，上海、北京等省区 80 多个大中城市，出口东南亚各国。

当前国内柑橘市场优质果供不应求，目前我区柑橘应该按照优质、安全、生态、高效的生产原则，大力开展橘园“三改三提升”高质量发展技术措施组装配套，建立病虫监测预报防控指导体系，大力开展“高品质、低成本、省力化”柑橘栽培技术推广应用和“果、畜、沼、水、草”五配套生态果园建设，重点在冻害预防、农残控制、土壤有机质提升等方面实现突破，提高商品果率，延长和完善产业链，实施龙头带动战略，扶持一批发展较好的果业企业、专业合作社，种植大户，全面提高果农组织化程度，开展果品精深加工，加大贮藏、保鲜和加工转化力度，带动包装、运输、旅游等产业发展，整合品牌影响力，扩大营销市场，提高市场占有率，进一步做优柑橘产业，努力推动农村经济持续快速发展。

第一节　品种选择及育苗要求

一、品种选择

（一）品种选择方向

目前，我区柑橘生产品种主要以兴津、宫川早熟温州蜜柑为主，其栽培面积占总面积的 90% 以上，其他有日南 1 号、大浦、大分四号、山下红、南丰蜜橘、城固冰糖橘、少核朱红橘等少量栽植。从品种结构看，品种单一，销售期过于集中，市场压力大等矛盾突出。因此，根据本地的环境气候特点及柑橘产业化发展战略，其栽培品种选择，应该在适当降低现有主栽品种面积基础上，并做好主栽品种品质提升工作，重点发展特早熟品种及名优特色品种。特早熟品种可发展大分 4 号、由良、日南 1 号等，名优特色品种可适量发展城固冰糖橘、少核朱红橘、金秋砂糖橘等。

（二）主要推广品种

1. 宫川

当前主要栽培品种，属早熟温州蜜柑。树势强健，枝梢生长旺盛，果实中大，高扁圆形，果面光滑，果顶宽，蒂部略窄，果形整齐美观。果肉橙红色，肉质细嫩汁多，无核，可溶性固形物含量 11%，品质佳，果实 10 月中旬成熟。

2. 兴津

当前主要栽培品种，属早熟温州蜜柑。树势强健，树冠矮小紧凑，枝梢短密呈丛生状。果实扁圆形，果面橙红鲜艳。果肉橙红色，肉质细嫩，化渣，具微香，无核，可溶性固形物含量 11%，品质佳。果实 10 月中旬成熟。

3. 大分四号

属早熟温州蜜柑品种。树势中庸，树形开张，分枝能力较强，枝条密集，无刺，易丰产，抗寒性较强。果实高扁圆形，果皮橙红较薄，光滑色艳，剥皮容易，油胞细密不易浮皮，含糖量高，口感甜酸爽口，风味浓郁，平均单果重 80 g，可溶性固形物含量 13% 左右。8 月下旬开始着色成熟，9 月中旬完全成熟。

4. 由良

宫川芽变特早熟品种，树势中强，枝条生长较为开张，丰产稳产，易栽培，是 9 月底至 10 月上中旬成熟的高糖高酸品种，果实扁圆，果皮橙黄色，口感细嫩化渣，平均单果重 100 ～ 120 g，可溶性固形物含量 13%，浮皮轻，因树势稍弱，需大肥大水管理。

5. 日南 1 号

系特早熟温州蜜柑，树势强健，枝叶稀密合适，果实扁圆形，平均单果重 120 g，果实 8 月底到 9 月初开始着色，果实浮皮少，果肉细嫩化渣，无核，风味浓郁，可大力推广发展。

6. 金秋砂糖橘

中国柑橘研究所以爱媛 30 号为母本，砂糖橘为父本杂交选育品种，树冠圆头形，枝条较细、较密、较短、较开张；果实扁圆形，果皮橙红色，厚 0.2 cm，果肉橙红色，因果皮包裹比较紧，不太容易剥皮，耐储运。抗寒性较强、耐湿、抗旱、抗瘠薄。11 月上旬成熟，小果型，比同期上市的温州蜜柑可溶性固形物高 2% ～ 3% 个百分点，一般为 12% ～ 15%，酸含量 0.3% ～ 0.5%，味甜，有微香，无核。成熟采摘期 10 月中下旬至 12 月底。

7. 少核朱红橘

从本地朱红橘选育而出，适应性广，抗逆性强，树势强健，果实高扁圆形，无核或少核，果肉鲜嫩化渣、多汁，风味甜，11 月中旬成熟。

二、育苗要求

柑橘育苗一般有露地育苗和营养袋育苗两种，现以露地育苗为主介绍。

（一）砧木育苗及移栽

1. 育苗地的选择

露地育苗苗圃应交通方便，地势平坦，土壤通透性好，有机质丰富，水源充足，排灌方便。

2. 砧木种类

可用作砧木的种类品种较多，如枳、朱红橘、酸橙、枳雀等。枳是我区主要的优良砧木。枳的主根分布较浅，须根发达，抗寒、抗旱、抗涝、耐贫瘠、抗病虫能力强，还具有矮化树冠、早结果、早丰产、果实色泽鲜艳、品质好等特点。

3. 砧木种子的采集和贮藏

砧木采种应选择生长健壮、无病虫害的植株，待充分成熟后采果。枳种可在 8 月份采集嫩种播种，也可在 9 月后采成熟果实，将果实堆积，待果实开始腐烂时用水淘洗取种。取出的种子应及时用清水淘洗，洗去果皮、果肉等杂质，摊晾在阴凉通风处，并注意翻动，待种皮发白时即可贮藏或装运。

种子数量较多时，一般采取沙藏，即将 4 倍于种子体积的含水量 5% ～ 10% 的河沙（手捏成团，一触即散），与种子混拌均匀，堆放在室内阴凉通风处，厚度 20 ～ 30 cm，上面覆盖薄膜或湿稻草保湿，每隔 10 天翻动一次。

4. 播种

（1）汉台地区春、秋均可播种。春播时间可选择 2 月中下旬至 3 月下旬，秋播自种子采收后至 11 月底前进行，秋播种子可在当年萌发出土，有利于生长健壮，提早移苗。

（2）播种前种子处理。播种前要对种子进行筛选，选择粒大饱满、无病虫、无损伤的种子。为减少苗期病害，种子播种前可放入 50℃左右的热水中浸泡 10 min，也可用 0.1% 高锰酸钾溶液浸泡 10 min 后用清水洗净，经过处理的枳种发芽加快。

（3）播种方法。整好苗床，施上腐熟农家肥，覆薄土。播种可撒播，也可条播。播时可用草木灰拌种或直接播于苗床，覆盖细沙壤土，厚度以 1.5 cm 为宜。播种覆土后浇透水。气温较低时露地播种，可采用薄膜覆盖，促进砧苗生长，薄膜支撑高度以 30 cm 为宜。

（4）播后管理。及时浇水，在砧苗生长期要进行除草、中耕和施肥，中耕宜浅，施肥宜薄施勤施，切忌烧伤叶片，注意苗期病虫害防治。

5. 移栽

汉台地区可在 5 月份移栽，或在秋梢停止生长后的 9 ～ 11 月进行移栽，具体视苗子大小和管理水平而定。为便于管理，砧木苗应分级移栽。

移栽方式可在畦上横植短行或顺畦长行栽植，即行距 20 ～ 30 cm，株距 15 ～ 20 cm，每亩排苗 8 000 ～ 12 000 株，也可用两小行一大行的方式移栽，即大行距 40 cm，小行距 25 cm，株距 15 cm，每亩排苗 10 000 ～ 12 000 株。

栽植砧木苗时要求主根垂直，侧根舒展，根颈与地面平齐，移栽的砧木苗成活后可以开始施肥，薄肥勤施。注意剪除 30 cm 以内的萌芽、针刺，促进生长。注意红蜘蛛、潜叶蛾、立枯病的防治。

（二）嫁接时间与方法

1. 接穗的采集

采集接穗的母树，应品种纯正、树势强健、丰产稳定、无病虫害。接穗应选树冠外围中上部生长健壮、芽眼饱满、已木质化的一年生结果枝或营养枝。春季接穗在发芽前采集，秋季接穗最好现采现用。

2. 修剪砧木

对要嫁接的砧木进行修剪，离地面 30 ～ 40 cm 剪除顶枝，将主干 20 cm 以下的分枝全部剪除，用毛巾将主干擦干净。

3. 嫁接时间及嫁接方法

春季嫁接最佳时间 3 月中旬～ 4 月上旬，以单芽切接为主；秋季嫁接最佳时间 8 月上旬～ 9 月上旬，以单芽腹接为主。嫁接时应关注中、短期天气预报，避开风雨天气。

（三）嫁接后管理

1. 解膜剪砧

秋季嫁接后将面临冬季低温，所以接时不露芽眼，到次年开春后检查成活率。砧木萌芽时，在接芽上方 1 ～ 1.5 cm 处剪断砧木，解除薄膜。春季嫁接使用单芽切接，可待夏梢成熟后解膜。

2. 除萌、摘心

接芽萌发后要及时抹除砧芽，保证接芽养分。

3. 肥水管理

嫁接后苗圃施肥以氮肥为主，配施磷、钾肥，促进根系生长和新梢萌发。干旱时要及时灌水保墒，多雨季节做好开沟排湿。

第二节　栽植建园

一、园地选择

（一）气温条件

年平均气温 14.0℃，最冷月平均气温 2.0℃，绝对最低温度 ≥ –5℃，≥ 10℃年活动积温 4 500℃以上，以霜冻时间较少的坡地和丘陵地带最佳。

（二）土壤条件

土壤质地应疏松肥沃，有机质含量应在1.0 g/kg以上，土层在80 cm以上，土壤质地最适为壤质土、轻黏土。重黏土建园应在栽植前进行改良。土壤pH最适为5.5～6.5，地下水位1 m以下。

（三）雨水条件

年平均降雨量应在600 mm，空气相对湿度75%左右，土壤含水量60%～80%。汉台区年降雨量分布不均匀，冬春旱、夏秋淋，建园要有渠水、库水、塘水、井水等水源作为补充水源，以利旱季进行灌溉。不具排水条件或排水不畅的低洼地域不宜栽植柑橘。

（四）地形地势

海拔高度在750 m以下的丘陵区、浅山区均可栽植建园。坡地坡度应在30°以下，坡向应选阳坡（南坡、西南坡、东南坡）。

二、整地建园

有水源的坡地橘园应建灌溉设施，实行引水沟灌、喷灌或滴灌，也可就地截流蓄水，充分利用天然水。距水源较远或引水困难的橘园应设计修建蓄水池、蓄水井，解决园内喷药和抗旱用水。还应建设拦洪沟、排水沟、背沟和沉沙坑等，防止园地被雨水冲刷或滑坡。

坡度在15°以下的缓坡地，顺坡向起垄栽植。土壤黏重、通透性差的需提前一年全园深翻晾晒、冻，使土壤熟化，秋季按每亩施足底肥，有机肥4～5 t/亩，起垄栽培。

坡度在15°～30°的山地、丘陵地，应改坡为梯采用等高栽植。先按等高线建成水平梯地，梯面宽≥3.0 m，梯地内低外高，外坡坎夯实或石头垒砌，防止滑坡。梯地水平走向应有3%～5%的比降。

三、栽植技术

（1）苗木选择苗高45 cm以上（不含晚秋梢），品种优良，嫁接口以上粗度 0.8 cm 以上，根系发达，忌栽弱苗和老化苗，同时注意选择在同类型土壤质地苗圃的苗木为宜。

（2）栽植时期以秋栽为主，宜在 9 月下旬到 10 月中旬栽植为好。容器苗栽植时间不受季节限制。

（3）栽植密度与柑橘品种、砧木、土壤条件、地形地势等因素密切相关。通常情况下，树冠较大的品种宜稀植，小的宜密植；立地条件较好的区域应适当稀植，反之宜计划密植；土壤瘠薄的山地可适当加大密度；控冠技术水平高的可适当密植；机械化管理的宜采取宽行窄株栽培模式。

通常栽植密度为 2 m×3 m（株行距），定 110 株，机械化管理可放大株行距。

（4）栽苗时最好选择阴天或晴天，土壤水分适度时栽植。在整好的地块，按规划先打点，在点上挖一小定植穴，将苗主根放入穴内，侧根向四周舒展，不能成团，培细土，轻轻向上提苗，使土粒进入根系空隙，扶直苗木再培土，嫁接口要露出地面，5 ～ 10 cm 为宜，轻轻踩踏，再做树盘，灌足定根水，再覆土保墒。过 7 ～ 10 天视土壤墒情再复水 1 ～ 2 次。雨天或土壤过于潮湿时栽植，不能用脚踩，以免黄泥巴板结成团，影响成活后正常生长，且栽后必须灌定根水，保证成活。秋季栽植的，入冬前必须培土保温防冻。培土高度为苗高 2/3，开春萌芽气温稳定后方可扒开培土。

四、老橘园改造

1. 土壤改良

老果园多会出现土壤板结，酸化等问题，制约根系的发育。因此，采取多种方法改良土壤结构、调节酸碱度、促进根系发育是培壮树势，优质高产的重要途径。

（1）深翻扩穴，一般在采果之后或春季发芽前，结合施肥沿树冠滴水线向外开挖 40 ～ 50 cm 深宽的沟槽，沟内填置有机物，表土底土互换填埋。深翻扩穴可每隔 2 ～ 3 年进行一次。

（2）调节酸碱度，对长期施用化肥导致土壤酸化的果园，可每年撒施一次生石灰，每亩用量为 40 ～ 50 kg。也可注重施用钙镁磷肥等碱性肥料，以中和酸性。盐碱地可选用酸性肥料改良，严重时可撒施硫酸亚铁。

2. 开沟排湿

汉台区秋季多雨，许多平地老果园又无排水沟渠，很容易造成低湿烂根，丘陵坡地属典型黄泥地，透气性差，极易出现积湿烂根。因此，对平地果园、坡脚地果园，必须开好“三沟”，即行间有中沟、园周有周沟、园外有排水渠沟，且沟沟相连，内高外低，保证多雨季节能将园内积水及时排出园外。坡脚地果园应特别注重在坡脚开挖较深的拦水渠沟，一是排除顺坡而下的积水，二是导出园中暗水。如果果园发生洪水涝害，一方面应尽快清沟排水，另一方面应及时中耕松土、扒土晾根、追肥促根，修剪护冠，把伤害降低到最低程度。

第三节　生产管理

一、幼园管理

幼园指栽后至初结果期这段时间的橘园。幼园的管理以促进树体生长为中心。目标是：三年树冠直径达到 1 m 以上，树体骨架基本成形，具备投产结果能力。幼园管理是橘园优质丰产的基础，幼园管理不当，会造成树体长势不一，投产晚，或是形成“小老树”，严重影响今后的产量和收益。因此，幼园管理十分重要。

（一）土肥水管理

柑橘幼园期苗小，根浅，吸肥吸水能力弱，抗逆性差，容易干旱，缺水、受冻，必须精心管护。

1. 土壤管理

要给根系创造一个疏松、透气的良好生长环境。建园时要起垄或堆土筑墩栽植。生长期要进行中耕锄草，保持土壤疏松和树盘周围无杂草。

2. 施肥

幼园施肥要做到勤施、薄施。一般幼园一年应施 3 ～ 4 次追肥和 1 次基肥。追肥分别在 3 月上旬、5 月中旬、6 月上中旬、7 月中旬施入，10 月上中旬施基肥。追肥每次每株用量为尿素 50 ～ 100 g，磷肥 100 ～ 150 g，配 5 ～ 10 kg 淡尿水，挖 10 ～ 20 cm 浅沟施入（春浅夏深）。基肥株施碳铵 150 ～ 200 g，磷肥 100 g，钾肥 50 ～ 100 g，农家肥 20 ～ 30 kg，开 30 ～ 40 cm 深沟分层混匀施入，配合病虫防治，还可进行 4 ～ 5 次叶面喷肥。

3. 水分管理

水分管理主要依据土壤墒情进行，保持土壤含水量在 60% ～ 70%。每次施肥时如果不配施淡尿水，则要适当灌水，以利肥料溶解吸收。土壤干旱时要及时灌水，雨涝时要及时开沟排涝。

4. 幼园套种

幼园套种可增加经济收入，但不能影响橘树的正常生长。一是套种的作物要选择矮秆的豆类或蔬菜，不宜种植高秆作物或需肥量大的拔肥作物，如玉米、红薯等。二是要留足够的清耕带，即给树冠生长扩大留足够的空间。最好套种绿肥，结合深翻改土一并翻入园内。

（二）整形修剪

1. 定干

苗木定植后的第一年春，从距嫁接口以上 40 cm 剪除上部枝条，促发分枝。

2. 整形修剪

在定干部位以下萌发的新梢中，选留 3 个生长健壮的新梢，培养三大主枝，主枝长到 25 ～ 30 cm 时摘心，促发分枝，其余新梢长到 7 ～ 8 片叶时及时摘心。

（1）通过拉枝来调整主枝、侧枝的方位和角度，主枝与主干的垂直夹角调至 45° 左右，三大主枝水平夹角 120°。

（2）合理配备侧枝，在每个主枝上选留 3 个侧枝，第一侧枝距主干 30 cm 左右，方向留在侧枝的侧下方。其余侧枝均匀分布在主干两侧，间距 30 ～ 35 cm。

（3）对过密枝从基部疏除，其余的可以培养成结果枝组。同时要疏除密生枝和细弱枝，保持三大主枝的生长强势。

（4）幼树上的花要全部抹除，以免开花结果影响树体扩大生长。

二、初挂果园管理

初挂果园是指开始挂果投产到进入盛果期前的橘园。一般为第 4 ～ 6 年。初挂果园的管理重点是把树体生长与结果相兼顾。管理目标是：继续培养牢固的树体骨架，扩大树冠，培养结果枝组，适当结果，亩产控制在 500 ～ 1 000 kg，每株留果 20 ～ 50 个。应当注意的是不要单一追求高产，以免负载过重造成树势衰弱。因此，初结果园在土肥水管理和修剪上，要把握好各个技术环节。

（一）土壤管理

初挂果园土壤管理，一是在对初挂果期没有深翻改土的橘园，结合秋施基肥，进行全园深翻，深度 60 ～ 70 cm 为宜；二是最好在行间套种绿肥，通过绿肥压青，增加土壤有机质，改良土壤；三是中耕锄草，疏松土壤，保持土壤有良好的通透性；四是有条件的，还可以进行秸秆覆盖，可以用稻草、麦草、麦糠、谷壳等物在园地全园覆盖（或树盘覆盖）10 cm 以上，控制杂草，夏季降温保湿，冬季保温，秸秆腐烂后还能有效地改良土壤、培肥地力。

（二）施肥

初结果园施肥量及肥料种类和配比要根据树体长势及结果情况灵活掌握。初结果树一年要施 2 ～ 3 次肥。

1. 催芽肥

橘树萌芽前施入。一般在 3 月中旬。用量为每株尿素 100 g+ 磷肥 150 g+ 钾肥 50 g。生长旺盛的树可以减量或不施。树势较弱的可适当加大用量。土质好、树势强的情况下，不施春肥，以防春梢旺长，影响结果。

2. 壮果肥（促梢肥）

一般在6月下旬～7月上旬施入。主要是促进果实生长发育，促发晚夏梢。用量为每株钙镁磷肥750～1 000 g，开深20～30 cm环状沟或条沟施入。

3. 基肥

一般采果前后施入。时间在10月下旬～11月上旬。每株用量为有机肥5～7.5 kg，钙镁磷肥750～1 000 g，开深40～50 cm的环状沟或条沟施入。

4. 叶面喷肥

叶面喷肥用量少、见效快，特别适宜补充微量元素，经济实惠。可以视橘树长势，结合病虫防治，全年进行2～3次叶面喷肥。注意在果实成熟前不宜进行叶面喷肥，以免影响果实着色。

（三）水分管理

初挂果园灌水要视土壤墒情而定。每次施肥后可适量浇水，以利肥料溶解吸收。一般在雨水正常的情况下，常年都可以不灌水。如果过于干旱天气，则要及时灌溉。最好是树盘浇灌或沟灌，不宜采用大水漫灌。

初结果园水分管理的另一个重点是排湿排涝。如遇连续阴雨或降雨较多时，要及时开好三沟（中沟、腰沟、边沟），防止橘园造成烂根，树势衰弱。

（四）整形修剪

初结果期是形成丰产树体骨架，培养结果枝组的关键时期，整形修剪时既要保证树冠继续扩大，还要培养中庸健壮的树体，调整好生长和结果矛盾。

1. 树体骨架培养

保持三大主枝和9个侧枝延长头的生长势，继续延长主枝头，在主枝上培养侧枝，通过摘心增加分枝，扩大树冠。采用撑、拉枝的方法，开张主枝角度（35°～45°），缓和营养生长，培养结果枝组，为丰产奠定基础。

2. 修剪

春季以疏芽摘心为主，对密生芽除留作配置多级枝组外全部疏除，丛生芽按“三去一”“五去二”进行处理，主枝延长头修剪稍重，以刺激旺长扩大树冠，中下部适当多留结果枝。摘除树冠外围的花果，以免影响树冠扩大。不能见枝就短截（俗称剃平头），导致满树旺长，上强下弱，造成不结果只长树。

夏季修剪以抹芽摘心为主，春夏梢长至 20 cm 长时 (5 ～ 7 片叶) 进行摘心处理，主枝、侧枝延长头可长至 25 ～ 30 cm 时摘心。从 7 月 20 日前后停止抹芽开始放梢，弱树宜早，旺树宜迟，旱坡地橘园可适当早放。

秋季修剪抹芽摘心相结合，早秋梢长至 20 cm 时摘心，对 8 月 30 日以后萌发的秋梢全部抹除。

3. 结果枝组的培养

结果枝组直接关系到橘树产量的高低和果实品质的好坏，结果枝组的培养主要通过多次摘心，增加枝组级次，疏除密生枝和细弱枝，就可以形成健壮的结果枝组。

三、盛果期橘园管理

（一）土壤管理

这一时期橘园即将封行，要对行间进行一次全面改土。结合秋施基肥，深翻 50 ～ 60 cm 改土。同时切断部分 1 cm 以下根系，促发新根，提高根系吸收能力，延长盛果期寿命。方法：隔行进行，2 年完成。还要做好中耕除草，保持土壤疏松和良好的通透性，有条件的还可以进行秸秆覆盖。

（二）施肥

盛果期的橘园一般一年施两次肥并结合喷施叶面肥。

1. 壮果促梢肥

应在 6 月下旬至 7 月上旬施入，用肥量占全年的 45% 左右。作用是促进幼果迅速膨大，增加产量，促发晚夏梢，为来年丰产奠定基础，每株用量为钙镁磷肥 1.5 ～ 2 kg，硫酸钾 150 g，穴施或开条沟施入。

2. 基肥

又称采果肥，一般在采果前后。通常在10月下旬～11月上旬及时施入。作用是促进花芽分化，提高花芽质量，恢复树势，保证树体安全越冬。采果肥占全年施肥量的55%左右，每株用量为有机肥10～20 kg，硫酸钾复合肥1.5 kg、钙镁磷肥1.5 kg。

3. 叶面喷肥

在开花前后和两次生理落果前喷施，主要补充微量元素保花保果。

（三）水分管理

经过起垄或堆土筑墩栽培的橘园，正常年份一般在施壮果肥前不要灌水，否则会导致春、夏梢大量抽发，影响坐果。壮果肥施入后为了橘树能及时吸收，可适当浇少量的水，注意大雨后及时排涝，采果前20天停止灌水。

（四）花果管理

花果管理的主要内容是合理疏花疏果和保花保果。特别是进入盛果期的橘园，为了达到优质高产、促进柑橘连年稳产，延长树体经济寿命，一定要做到适当留果定果。一般叶果比可按25 ∶ 1为宜。特早熟温州蜜柑以30 ∶ 1为宜。为了方便操作，根据目标产量留果如下：目标产量控制在2 500～3 000 kg，每株留果80～100个为宜，最多不超过120个。具体可依土地肥力、树势而定。

盛果期橘树修剪应以平衡树势、优质丰产为目标，尽量延长结果年限，全年修剪技术要点如下。

1. 春季修剪

第一次于2月中下旬至3月上中旬进行。主要剪除细弱枝、下垂枝、密生枝、干枯枝、交叉枝、病虫枝。对长果蒂枝适当短截，对短果蒂枝进行剪除；对树势衰弱的应当短截促发新枝，恢复树势；对树冠郁闭的应疏除大枝开“天窗”，促使树体既通风又透光，以利增强光合作用；对上年抽生较多的夏、秋梢营养枝按“三三三制”（即短截1/3较强的，疏去1/3长势衰弱的，保留1/3长势中庸的）处理，调节当年产量，防止大小年现象产生；对已经受冻的橘园，应当推迟修剪，应待新芽萌发后，从发芽处修剪，剪除干枯枝，密生枝，第二次于4月下旬进行，主要是在柑橘显蕾期进行花前复剪，以花定剪，以剪定产，调节生长与结果的矛盾。重点剪除无叶花枝，丛状花蕾枝，短截长果枝；在花量大的年份多疏剪花枝和花蕾，多留春梢，摘除露头花，畸形花；在花量小的年份，多剪除营养枝，多疏除春梢，尽量保留花蕾花枝。

2. 夏季修剪

第一次在6月中旬至7月上旬进行，主要通过抹芽控制早夏梢萌发和生长，提高坐果率，促进果实生长。同时短截落花落果枝，疏除无叶枝，对春梢留15～20 cm短截，促发晚夏梢(又称早秋梢)，成为第二年结果母枝。第二次于7月下旬至8月上旬，对所放新梢留20～25 cm摘心，每基枝保留2～4个壮梢，多余的疏除，以减少养分消耗，促进果实发育。

3. 秋季修剪

9月下旬～10月上旬对早秋梢留20 cm摘心，促进老熟。晚秋梢全部抹除，以防受冻。

4. 冬季修剪

在11月下旬至12月上旬进行。主要是对橘园进行全面清园修剪，剪除病虫枝和干枯枝，以减少病虫源。

四、抗寒防冻

汉台区相比南方主产省区，最大的限制因素是冬季低温影响，抗寒防冻成为本地区柑橘生产管理至关重要的环节。

（一）影响柑橘冻害的因素

1. 气象学因素

影响柑橘冻害的气象学因素主要包括低温强度和低温持续的时间长短，其次是低温来临时土壤和空气的干湿度、低温前后的天气状况、低温出现时的风速风向、光照强度等；同时，果园的地理位置、地形、地势和地貌都会影响冻害的发生程度。

2. 植物学因素

主要指柑橘树体抗寒力强弱。不同品种及不同砧木品种的抗寒能力各不相同，不同树龄及树势抗寒力也不相同，结果量的多少及采果早晚、秋梢的成熟度、肥水管理水平、病虫危害程度、秋冬喷药情况等因素都会影响树体的抗寒力及冻害程度。

3. 地形地理因素

橘树坡地栽培是降低低温冻害的有效经验。我区秋季雨量充沛，平地、低洼地栽种的柑橘树因排水困难，根系长期处于水浸状态，造成树势弱、病害重、冷空气容易沉积，柑橘根系和枝干容易遭受冻害。

总之，柑橘冻害的发生程度是植物学因素、气象学因素与地理因素共同作用的结果，是内外因素共同作用的结果，植物学因素是内因，气象学因素是外因，外因通过内因起作用，如果不能改变外因，那就要从改变内因做起。

（二）柑橘如何防寒抗冻

1. 品种选择布局

一方面选用抗冻能力强的品种。枳对冻害的抵抗能力很强，在选择嫁接苗栽培时，重点选择以枳为基砧的健壮苗木，同时嫁接部位应高出地面 20 cm 为好，以便于减轻低温空气沉积引起冻死树干的现象。另一方面选用特早熟、早熟品种作为本地区的主栽品种，如大分 4 号、由良、日南 1 号、兴津、宫川等，同时搭配本地区抗寒性强的地方品种，如城固冰糖橘、少核朱红橘等作为补充，调节品种结构及市场供应。

2. 合理定植密度及果实负载

种植密度大，引起果园通风透光下降，各种病虫害的防控难度增加，病害如炭疽病、煤烟病等，虫害如红蜘蛛、蚧壳虫等发生基数增加，会引起树体伤口增加，抵抗能力下降。同样，橘树负载量过大时会消耗过多的树体养分，抵抗冻害的能力会大大降低。

3. 推广抗冻栽培

（1）中微量元素作根外追肥，促进柑橘快速补充营养，使其在最短时间内恢复正常生长，具体来讲可喷施磷酸二氢钾叶面肥加芸苔素内酯，间隔 10 多天左右喷施一次。

（2）重视采果肥即秋季基肥施入。重视磷钾的施用，采果后每株施有机肥 10 ～ 20 kg，硫酸钾复合肥 1.5 kg、钙镁磷肥 1.5 kg，增强柑橘抗寒能力。

（3）开沟排湿在园内开挖 50 cm 以上的排水沟，使过多的水分及时排出，防止积水造成烂根。

（4）病虫防控根据橘园管理病虫防控月历预警测报，进行及时防控。采用挂黄板、挂杀虫灯、诱蝇球、糖醋液诱虫的方法，采用物理防治和化学防治结合，坚持“预防为主，防控结合”的防治理念，减少病虫发生基数。

（5）建园选择冷空气不易沉积的缓坡地带。栽植时适当稀植，定干高度大于 40 cm 以上较好。及时剪除晚秋稍。

（6）抗冻覆盖对树盘、树干、根颈部、树冠等容易受冻的部位采取稻草遮盖效果很好。

4. 提高冬管水平

（1）树盘培土

培土时间：立冬前后可进行，其作用原理在于土壤的温度变化较慢，在寒潮来临时，可以有效地延缓温度的急剧下降，保护树盘不受冻害。培土的保温、增温效果显著。培土时要注意的问题：培土时必须用松散的细土，决不可用较大的土垡。

（2）积雪清理

冰雪来临前应尽快剪除过长枝梢、开天窗去顶枝以减少树冠对冰雪的承接面，及时清除树上及树盘上的冰雪，减少冰雪对柑橘叶片、枝干、树盘接触时间，减轻冻害发生程度。

（3）主干涂白

树干涂白不仅可以杀灭越冬病虫，同时也可降低雪水对树皮的伤害，具有一定保温作用。

涂白剂制作方法：1.5 kg 石灰 +300 g 硫磺粉 +200 g 食盐 +150 ～ 200 g 动物油脂 +5 kg 水。

（4）叶面喷肥

利用冬季晴天喷布叶面肥补充树体养分，增强抗寒性，如喷布磷酸二氢钾、尿素 + 芸苔素内酯。

（三）柑橘树冻后恢复措施

如冬季已出现冻害，要及时制定措施，搞好恢复补救措施。

1. 及时灌水

冻后特别是干冻后，根系和树体常表现出缺水。因此，要及时灌一次“跑马水”，防止因缺水加重受冻损失。

2. 松土保温

解冻后尽早浅锄松土，能防止干旱失水，保住地热，提高土温，减轻根系的损伤。

3. 及时追肥

冻后树体功能显著减弱，要及时追施肥料，恢复树体机能。施肥要以水带肥、勤施薄施，受冻轻的树可喷施 1 ～ 2 次叶面肥，保护枝叶。

4. 适时修剪

受冻树在能分辨出枝梢冻伤界限时及时修剪，过迟则树体过分失水，造成病害传播。修剪时应尽可能保留健康枝叶，平衡树体结构。受冻较重的树可分次修剪，待发芽后再剪一次，大的伤口要涂药剂保护。

5. 加强病虫害防控

柑橘受冻后很容易发生病虫害，造成枯枝干叶甚至死树毁园。因此，受冻后要及时防治病害，发芽后还要加强叶甲、红蜘蛛、蚜虫等害虫的防治工作。

第四节　病虫害防治

柑橘是多年生常绿果树，病虫害种类很多，一年四季都有发生和危害。本地区柑橘病虫害主要有柑橘炭疽病、树脂病、煤烟病、疮痂病等；蚧类、螨类、粉虱、吉丁虫、潜叶蛾等。对柑橘病虫害的防治，必须根据柑橘的生物学特性和病虫发生发展规律，采取农业、生物、物理、化学等多种措施，综合防治，把病虫害控制在经济损失最小范围之内。

一、防控原则

坚持贯彻“预防为主，综合防治”的植保方针，在做好病虫害预测预报的基础上，优先采用农业措施、物理机械、生物天敌控制等措施，辅助使用安全低毒的药剂防治，尽量减少使用化学农药，创造一个不利于病虫害滋生和有利于各类天敌生存繁衍的环境条件，保持柑橘园生态系统的平衡和生物多样化，减少各类病虫害所造成的损失。

二、防控措施

（一）严格检疫

禁止检疫性病虫害从疫区传入保护区，保护区不得从疫区调运苗木、接穗、果实和种子，一经发现立即销毁。

（二）农业防治

选用抗病砧木和品种，特别注重选择抗病性、抗逆性强的品种；加强栽培管理，提高树体抗病虫能力。

（三）物理机械防治

用频振式杀虫灯诱杀吸果夜蛾、金龟子、卷叶蛾等害虫；用性引诱剂诱杀拟小黄卷叶蛾等；用黄板诱杀蚜虫、粉虱等；用诱蝇球、实蝇诱捕器诱捕大实蝇；人工捕捉天牛、金龟子等害虫。

（四）生物防治

充分保护利用本地的天敌，大力推广以虫治虫，以菌治病技术。如橘园放养鸡鸭捕食害虫，用胡瓜钝绥螨防治螨类，用日本方头甲和湖北红点唇瓢虫防治矢尖蚧；用玉米螟赤眼蜂防治卷叶蛾等。广泛使用苏云金杆菌、苦·烟水剂等生物农药和矿物油乳剂等矿物源农药治理病虫害。

（五）化学防治

病虫害防控应抓住关键时期施药。病害以防为主，虫害要做到适期防治。严格控制安全间隔期、施药量和施药次数，注意不同作用机理的农药交替使用和合理混用，避免产生抗药性。提倡和允许使用低毒、低残留、高效药剂，禁止使用高毒、高残毒农药。

三、柑橘主要病虫害及防治措施

（一）真菌病害

1. 炭疽病

（1）症状

炭疽病可以在植物的各个部位发病，叶片、果实和茎秆等都会受到炭疽病的侵染，但是以叶片为主。

叶片症状有叶斑型和叶枯型两种。叶斑型也称慢性型，从叶片边缘发病，形状多椭圆状，中央灰白色或浅褐色，稍凹陷，边缘褐色，病健交界明显，上面轮纹状分布有黑色的小点即炭疽菌的分生孢子盘，湿度大的时候小黑点上面会有橙黄色的黏状物即分生孢子团，染病叶片易脱落。叶枯型也称急性型，俗称急性炭疽病，常见于夏秋季节连续阴雨放晴后，发病时间很短，多从叶尖处发病，沿叶脉以“V”形扩展，似开水烫伤状，刚开始为深绿色，后期呈黄褐色，病健交界模糊，在潮湿环境下病斑上会密布浅红色的粉状物，为炭疽菌的分生孢子堆。患急性炭疽病的叶片极易脱落。

枝梢发病有两种形式。一种是从顶端开始发病，发生在幼嫩的新梢顶端而且多为急性型，在连续阴雨放晴天气加上发病高峰期时容易发生。嫩梢在几天内由上而下变褐焦枯，上面布有粉红色黏状分生孢子团。第二种是从叶柄基部腋芽处和受伤处开始发病，病斑起初为椭圆形而后变为梭形，稍下陷，随后扩展环绕枝梢一周，枝梢上部随即坏死变成灰白色，上面散布黑色小点。天气潮湿时会产生橘黄色小点。

果实发病也可以分为两种类型，一种是干斑型，通常发生在干燥的环境下，病斑黑褐色或者黄褐色，椭圆、稍凹陷、皮革状，病健交界明显，上面散生黑色小点。另一种是果腐型，多发生在潮湿的条件下尤其是果实储藏期间，多从果蒂也有从果腰处发病，开始为水渍状呈浅褐色，随后变为褐色继而腐烂。

果梗发病后变成灰白色干枯，导致果实提前脱落或者由于失去水分变成僵果挂在树上。

花器发病通常是雄蕊先受害，呈现出褐色腐烂继而引起落花。

（2）病原菌

无性阶段半知菌类炭疽菌属胶孢炭疽菌 [*Colletotrichum gloeasporioides* (Penz.) Sacc.]；有性阶段子囊菌门小丛壳属围小丛壳 [*Glomerella cingulata*(Stonem.) Spauld. et al.]。

（3）发病规律

夏、秋季高温多雨或冬季冻害较重，或早春气温低和阴雨多的年份和地区，树势变弱，抗性下降，易发病。据在椪柑上观察，在华南地区，一般在 3 月下旬至 4 月上旬为上一年的秋梢和当年春梢始病期; 4 月上旬至 5 月上、中旬为春梢叶片发病盛期; 5 月中、下旬至 6 月为幼果及其果梗和新抽夏梢发病盛期；7 月下旬至 8 月上、中旬为夏梢叶片、新抽秋梢和成果果梗发病期（枯柄始期）；8 月下旬至 9 月上、中旬为枯柄发生高峰期，开始落果；10 月中旬至 11 月上旬为枯柄落果高峰期和秋梢叶片发病盛期。

（3）防治措施

加强肥水管理，做好防虫、防冻、防日灼等，避免树体机械损伤，保持健壮树势。有效药剂主要有：甲基托布津、多菌灵、大生 M—45 等，也可冬季清园后，喷布 3°Bé 石硫合剂。

2. 树脂病

柑橘树脂病是汉台地区柑橘重要的病害之一，该病菌可侵染枝干、果实和叶片，因症状、受害部位和时期的不同又有蒂腐病、沙皮病、黑点病等。发生在树干上的称树脂病，发生在叶片上的称沙皮病，发生在果实上的称蒂腐病。

（1）症状

沙皮：被害枝叶及果实表面，散生许多黄褐色或黑褐色突起小点，有时密集成片，因而称沙皮病。

蒂腐：果实成熟期病菌自蒂部侵入，初为水渍状，逐渐变淡褐色，如温度适宜，几天就会穿心蔓延至果脐部，导致瓤囊腐烂。

枝干症状：发病部位多为主干、枝、枝干、叉枝部位，枝干被害表现为流胶和干枯两种类型。

（2）病原菌

柑橘间座壳菌 [*Diaporthe citri* (Fawcett) Wolf.]。

（3）发病规律

病菌以菌丝，分生孢子器和分生孢子在病部越冬，翌年环境适宜，水分充足，潜伏菌丝恢复生长，形成分生孢子器，溢出的分生孢子借风、雨、昆虫传播，侵染枝、干、叶、果，发病最适温度为 20℃左右。树体有冻伤，虫伤及机械伤时易引起发病。

（4）防治措施

加强栽培管理，增施有机肥，提高植株抗病能力。有冻害时，在低温来临前，要进行培土，树干涂白、叶面喷布营养液防冻。做好冬季清园工作，剪除病枯枝并集中烧毁，减少果园病菌来源。药剂防治，在萌芽期、花落 2/3 及幼果期，各喷药 1 次。有效药剂主要有：退菌特、甲基托布津等。对已发病的枝干，可纵刻病部涂药，涂药时间为 4 ～ 5 月和 8 ～ 9 月，每周一次，涂药 3 次，可用甲基托布津或多菌灵 100 倍液，或代森锌 20 倍液，加酒精涂抹。

3. 疮痂病

本病是柑橘的常见病，能危害柑橘新梢、叶片、幼果等幼嫩部分。危害严重时能造成落叶、落果、嫩梢枯死和果实畸形，品质变劣。

（1）症状

病斑在春梢叶片刚抽出未展开前即可发生。叶片最开始出现半透明、黄褐色的圆形斑点，逐渐扩大并木栓化，叶正面凹陷。病斑多数在叶背不穿透叶片，叶背凸起呈现圆锥状的疮痂。

（2）病原菌

半知菌类痂圆孢属柑橘痂圆孢（*Sphaceloma fawcetti* Jenkins）。

（3）发病规律

以菌丝体在病枝、病叶和病果上越冬。春季阴雨多湿，气温上升到15℃以上时，越冬病菌开始活动，产生分生孢子，经风雨或昆虫传到当年的新梢和嫩叶上，开花时能侵害花瓣和花托，以后又侵害幼果。气温在15～25℃，多雨潮湿时容易发生蔓延；当气温超过25℃时，病菌生长便受抑制，夏、秋梢一般发病轻。

（4）防治方法

结合春季修剪，剪除病枝和病叶，并清除田间落叶，加以烧毁，减少病源。

药剂防治，以保护幼嫩春梢和小幼果为重点，一般喷药2次。第一次在4月上中旬，春芽长至1 cm时；第二次在5月中下旬。花落2/3时。药剂可用1 ∶ 2 ∶ 200波尔多液、代森锌、退菌特、多菌灵或甲基硫菌灵等，但须注意连续多次喷波尔多液能加剧锈壁虱的发生。

4. 疫霉褐腐病

柑橘疫霉褐腐病，又叫褐腐病、疫霉病。由卵菌门霜霉目疫霉属真菌引起，是汉台地区柑橘成熟期的高发病害。

（1）症状

柑橘疫霉褐腐病是一种低等真菌引起的病害，属藻状菌纲，病斑可发生在果面的任何部位，初期病斑圆形，淡褐色。病部不断扩展，迅速蔓延至全果，呈褐色水渍状，变软腐烂。

（2）病原菌

卵菌门霜霉目疫霉属柑橘褐腐疫霉[*P.citrophthora* (R. et E. Smith) Leonian]。

（3）发病规律

在潮湿条件下，病部长出柔软的稀疏白色菌丝，紧贴果面，形成白色薄层；湿度大的果园果实成熟期、糖分积累期也易发病，发病多从树冠下部果实开始；果园郁蔽不通风，湿度大，积水或地下水位高易发病；主要发病时间：9月中旬到10月中下旬是发病高峰期；气温高，闷热并暴雨或连续下雨2天即可发病；园土通透性差、挂果量较大易发病。

（4）防治措施

①果实糖分积累期和成熟期雨后注意开沟排渍。

②拣拾落果带出园子辅以杀菌剂进行集中深埋处理，并用烯酰吗啉与代森锰锌复配防治为佳。

③密植园需在7～9月兼顾柑橘炭疽病防治用药进行预防。

④冬季用3°Bé石硫合剂全园喷布，彻底清园。

（二）虫害

1. 红蜘蛛

（1）症状

属蛛形纲、蜱螨目、叶螨科。叶片被害后，出现许多白色小斑点，严重时叶片灰白色或白绿色，失去光泽，引起落叶、落花、落果，甚至枯梢，影响树势和产量。

（2）发生规律

红蜘蛛主要以卵和成螨在枝梢凹陷处，树皮的裂缝和叶片背面越冬。一年发生18～20代，田间世代重叠。成螨、若螨、幼螨均以口针刺吸柑橘叶片、枝条和果实表皮中汁液，破坏叶绿体。

（3）防治措施

释放捕食螨，可在4月下旬、6月中下旬、8月中旬进行集中投放捕食螨，橘园可配套种植藿香蓟，为捕食螨提供生存场所。虫口基数达到2～3头/叶时，进行喷药防治，用药主要有：阿维菌素、克螨特、哒螨灵、尼索朗、石硫合剂等，用药应注意交替使用。

2. 黄蜘蛛

（1）症状

黄蜘蛛又称橘始叶螨，与红蜘蛛均属蛛形纲，蜱螨目，叶螨科。该螨危害柑橘嫩叶、嫩梢、花蕾及幼果等，以春梢嫩叶受害最重。

受害叶片变成畸形扭曲，被害部位呈黄色斑块，猖獗年份造成大量落叶、落花、落果及枯枝，影响树势和产量。

（2）发生规律

一年发生 15 代以上，世代重叠。黄蜘蛛喜阴湿，在树体内主要分布在绿叶层下部，以树冠内的阴枝、下垂枝最多。潜叶蛾为害的秋梢卷叶是其越冬的主要场所，常寄生于叶的反面，多集中于主脉与侧脉的两侧，叶片受害部位呈黄色，而且下陷。

（3）防治方法

①加强栽培管理，增强树势。合理密植，适时修剪，使果园通风透气良好。

②利用和保护天敌。保护好食螨瓢虫、捕食螨、草蛉等天敌，有条件的可人为释放或引移天敌。

③药剂防治：采果后到次年春芽萌发时，喷 1 ～ 2°Bé 石硫合剂 1 次；在柑橘生长季节，柑橘黄蜘蛛严重发生时，可用药剂防治，用药种类同红蜘蛛用药。

3. 柑橘粉虱

（1）症状

若虫固定在新叶背面吸食汁液，成虫危害时分泌一薄层蜡粉在叶背，同时交尾产卵。叶片因若虫排泄物诱发煤烟病，使枝叶污黑，阻碍光合作用，导致树势衰弱，果实生长缓慢，果实质劣价贱。

（2）发生规律

该虫一年发生 3 ～ 4 代，若虫危害春、夏、秋新梢叶片。该虫喜阴，因此栽植过密、荫蔽潮湿的果园发生多。

（3）防治措施

剪除密集的虫害枝，使果园通风透光。应用黄板黏杀成虫。药剂防治的关键时期是各代 1 ～ 2 龄若虫盛发期，特别是第 1 代。药剂可选法夏乐、乐斯本、吡虫啉、绿晶、印楝素、果圣、阿维菌素等。虫口基数较大的橘园，冬季清园时可喷布机油乳剂 150 ～ 200 倍液或石硫合剂 2 ～ 3°Bé，杀死越冬若虫及清除煤烟病。

喷药要均匀至叶背才有良好效果。

4. 黑刺粉虱

（1）症状

若虫聚集在叶片背面，吮吸汁液，叶被害处黄化，并能分泌蜜露，诱发煤烟病，枝叶发黑脱落，树势衰弱，产量剧减。

（2）发生规律

又名刺粉虱，为粉虱类中发生最为普遍、危害最为严重的一种，是柑橘常见的虫害之一，一年发生 4 代，以 2 ～ 3 龄幼虫在叶背越冬。发生不整齐，田间各种虫态并存。

（3）防治措施

①加强栽培管理，增强树势，剪除密集的虫害枝，使果园通风透光。

②药剂防治：注意监测虫期，在各代 1 ～ 2 龄若虫盛发期喷药防治效果最好。当 1 龄若虫量占总虫量约 70% 时，为最佳防治时期。可用乐斯本乳油、敌百虫、蚜虱绝等防治。喷药时要注意喷射树冠内膛和树叶背面，受害重的果园应间隔 10 ～ 15 天连续用药 2 次。由于黑刺粉虱成虫具有一定的移动性，四周果园应统一用药时间，效果最好。

③保护和利用天敌：黑刺粉虱的天敌主要有寄生蜂、瓢虫、寄生菌等，应注意保护和利用天敌。

5. 锈壁虱

（1）症状

又称柑橘锈螨和锈蜘蛛等，以成、若螨群集在果面、叶片及绿色嫩枝上为害，刺吸植物表皮细胞，吸食汁液。被害果实因细胞层遭到破坏而出现锈色斑点，然后由锈色发展成为黑褐色，故称“油橘”。果实受害后发育减慢，果皮失去光泽、木栓化、粗糙，布满龟裂状细纹，品质变劣；被害叶初为黄褐色，后变黑褐色，引起叶片卷缩、粗糙，以致落叶，影响树势和次年结果。

（2）发生规律

一年可发生 18 ～ 24 代，高温少雨有利于其繁殖。成螨在

10℃时会停止活动，在15℃开始产卵。每年四月份开始发生危害，7～9月发生最重。

（3）防治措施

①加强管理，合理修剪，学科施肥，间种绿肥，增加植株抗虫能力和改善生态环境，减少发生数量。

②保护利用天敌。人工繁殖和释放天敌，以增加田间天敌种类和数量，达到抑制其发生数量，减轻危害。

③做好虫情测报工作，及时进行药剂防治，当田间有虫叶率达20%～30%或每视野有虫3～5头，或果上出现黄白灰尘似薄层，或个别果出现“黑皮”时，均作为防治最适时期。

④药剂防治：阿维菌素+螺螨酯、杀灭菊酯、洗衣粉400倍稀释液等药剂，均有良好的效果。

6. 矢尖蚧

（1）症状

被害后引起枝条干枯，叶片卷缩，果实周围呈黄绿色，不能充分成熟，严重时导致树体死亡，影响果品外销。

（2）发生规律

一年发生2～3代，世代重叠，主要危害柑橘的枝、叶、果实。汉台柑橘产区曾于20世纪80年代大发生，导致许多果园死树毁园。

（3）防治措施

①加强栽培管理，增强树势。结合春季清园，剪除受害枝叶集中烧毁，保证果园通风透光良好。

②保护和引进天敌。如瓢虫、蚜小蜂、桃小蜂和寄生菌等，可在一定程度上抑制虫口密度。

③药物防治：矢尖蚧第1代发生比较整齐，初孵1～2龄幼蚧抗药能力较差，此时天敌虫口也较低，是药物防治的关键时期。喷药适期为当年第1代幼蚧初见后21～25天即5月中下旬喷第1次，再隔7～10天喷第2次。用药主要有：机油乳剂、石硫合剂、毒死蜱、螺螨酯、氟啶虫胺腈等。

7. 吹棉蚧

（1）症状

以若虫和雌成虫群集在寄主的枝干、叶背中脉两侧和果实上危害，吸食汁液，使叶黄枝枯，皮层粗糙，引起落叶、落果，甚至全株枯死，并排泄大量蜜露，诱发煤烟病。

（2）发生规律

一年发生 2～3 代，汉台地区柑橘曾于 20 世纪 80 年代爆发成灾，大量果园死树毁园。

（3）防治方法

化学防治方法同柑橘矢尖蚧，但应重视生物防治，特别要保护和引进澳洲瓢虫和大红瓢虫，以虫治虫。局部发生时用刷子或稻草刷除枝干上的越冬成虫和若虫，或剪除有虫枝梢。

8. 蚜虫

（1）症状

该虫以成虫和若虫群集在新梢上吮吸汁液，被害的新梢嫩叶卷曲、皱缩，节间缩短，不能正常伸展，严重时引起落果及大量新梢无法抽出，不但当年减产，还会影响翌年产量。蚜虫排泄的“蜜露”能诱发烟霉病，影响叶片光合作用，削弱树势。其中橘蚜、棉蚜和锈线菊蚜还是柑橘衰退病毒的主要传播媒介。

（2）发生规律

一年发生 10～20 代，以春梢和花蕾受害最重，夏秋梢次之。在 4～6 月和 9～10 月是危害高峰期。

（3）防治措施

①黄板黏杀。

②保护利用天敌，如七星瓢虫、月瓢虫等多种瓢虫。

③剪除被害枝条、卵枝，清除越冬卵。

④药剂防治，在嫩梢上发现有无翅蚜为害时应开始防治。可用吡虫啉、烟碱乳油、啶虫脒等药剂防治。

9. 潜叶蛾

（1）症状

俗称“鬼画符”，该虫以幼虫潜入嫩叶、嫩枝和果实等表皮下取食，形成白色弯曲虫道，使叶片卷曲硬脆脱落，造成新梢生长差，影响树势和结果。

（2）发生规律

夏梢芽萌发后的5月下旬开始为害，尤以苗圃幼树受害较重，7～8月为害最盛。

（3）防治措施

严格控制夏梢零星抽发，做好预测预报。药剂防治宜在新梢萌发不超过3 mm或新叶受害率达5%左右时施用，可用溴氰菊酯、杀灭菊酯等防治。

10. 吉丁虫

（1）症状

俗称爆皮虫、锈皮虫，以成虫咬食叶片造成缺刻，幼虫蛀食枝干皮层，被害处有流胶，为害严重时树皮爆裂，故名“爆皮虫”，甚至造成整株枯死。成虫在白天活动，喜欢阳光，通常栖息在树干的向阳部分，其飞翔能力极强，既飞得高又飞得远，不易捕捉。

（2）发生规律

一年1代，少数两年1代，以不同龄期的幼虫在树干内越冬。成虫5月下旬开始产卵，6月中、下旬产卵最盛。6月中旬开始孵化，7月上、中旬为孵化盛期。

（3）防治方法

①结合冬剪，彻底清除死树死枝，集中烧毁，消灭越冬幼虫。

②成虫羽化出洞之前，可用80%敌敌畏乳剂1份加泥浆20份混合涂刷树体，将成虫堵死在树体内。另外，抓住幼虫在皮层危害阶段用80%敌敌畏乳剂1份加煤油10份混合后涂刷被害部位，毒杀幼虫，或用小刀刺死幼虫。

③成虫发生期，于早晨人工震树捕捉成虫。

11. 大实蝇

（1）症状

幼虫蛀食果肉，被害果未熟先黄。

（2）发生规律

该虫一年发生一代，5 月上旬成虫羽化出土，一周后开始舔食昆虫分泌的蜜露或杂树上的花蜜和嫩叶汁液，成虫迁飞能力强，居栖不定。6 月上旬～ 7 月下旬，果实长至 2 ～ 4 cm 时，成虫开始交配产卵，成虫一般在早晨、傍晚及夜间活动较多，多数是下午 5 点以后至第二天中午 10 点之前。产卵部位大多在果腰及果顶皮下白色层内，7 月中旬～ 8 月上旬产卵盛期，卵期 40 天左右，8 月下旬～ 9 月上旬卵开始孵化。

（3）防治方法

①悬挂诱蝇球、实蝇诱捕器诱杀。

②挂瓶：采用挂瓶、放盆、置罐等容器盛装 90% 敌百虫或 35% 杀虫双加糖醋液诱杀其成虫。其配方是：红糖 5 份，食用醋 3 份，白酒 1 份，水 10 份，加入 90% 晶体敌百虫或 35% 杀虫双 0.5 份。

③摘除受害果和捡拾落果，在 9 ～ 11 月巡视果园，及时摘除受害果或拣拾落地果，并集中深埋，埋果坑深应大于 1 m 或装塑料袋密封窒息死亡。

④冬季橘园浅锄，冻死越冬虫蛹。

附件1　柑橘实用栽培技术介绍

一、石硫合剂的熬制和使用方法

（一）熬制方法和步骤

石灰、硫磺、水按 1 ∶ 2 ∶ 10 的比例配制，硫磺纯度要高，粉要细，石灰选择色白、质量成块的新鲜生石灰。

把硫磺粉用少量水调成糊状的硫磺浆，搅拌均匀，再把生石灰用少量水溶解调成糊状，然后用火加热。在石灰乳近沸腾时把调好的硫磺浆沿锅边慢慢倒入锅中，边倒边搅拌，并记下水位线。强火煮沸 40 ～ 60 min，待药液熬制成红褐色，渣滓黄绿色时停火，其间补水，待冷却后滤出渣滓，用波美比重表测浓度，长时间贮存的装入罐中密封保存。

（二）使用方法

早春或冬季使用浓度 2 ～ 3°Bé，生长季节为 0.2 ～ 0.5°Bé 进行喷雾。

每千克石硫合剂原液稀释到使用浓度需加水量的公式为：每千克原液加水千克数 = 原液浓度 ÷ 使用浓度 –1

例如：原液浓度为 30°Bé，使用浓度为 2°Bé，按下述公式计算：

30 ÷ 2–1=14，即每千克原液应加水 14 kg。

二、起垄栽培技术

当前主要通过橘园土地全园深翻平整，在橘园建成起垄栽培畦，然后在垄畦上种植柑橘苗。技术要领是“选向、放线、作垄、定点”高标准栽植。根据地形地势，以便排灌及操作为目的，选择垄向以南北向为宜；按 2.5 m 行距放线；以放线为中轴线，将两边活土层堆积成垄，垄面宽 2.5 m，垄沟深 60 cm，宽 50 cm（起垄时可施入农家肥或有机肥）；沿垄面中线按 2 m 株距进行统一定点，根据苗木大小挖定植穴。该技术可以提高果实含糖量，并可减轻煤烟病、蚧壳虫类及湿害，提高树势，增强抗冻能力。

三、覆膜增糖技术

此技术主要是指通过地表覆盖薄膜，增进果实着色、含糖、风味和化渣程度的一项实用技术。覆膜时间为果实着色前，一般为8月下旬到9月上旬（视品种而定）。覆膜前应将土壤整平、除草，减少突起，避免刺破地膜。该技术有利于增加光照，促进果实着色、增加含糖量提高果实品质。

四、密改稀技术

此技术是针对前期园内密植，后期园内郁闭，通风透光不良，病虫害滋生严重等问题的一项改良重要技术。5年以上的株距为1.5 m×2 m，亩栽222株的密植果园，采取间移，高接换种措施，使密度降为2 m×3 m或3 m×4 m，改善通风透光条件，减少投入，提高果品质量。该技术有利于彻底改变橘园内的生态环境，充分发挥橘园树体的结果能力，从根本上解决栽培管理不便的生产难题。

五、简化修剪技术

改传统的四季修剪为春季大枝修剪和夏季控梢修剪相结合。春季修剪只对一些密生的大枝、强旺枝、衰弱枝、病虫枝进行疏除或更新修剪。夏季主要以抹芽控梢为主。通过采用简化修剪技术，去除直立性枝条，使树冠降低成自然开心形，既省工又改善通风透光条件，减少病虫害、提高果实品质。

六、高接换种技术

在原有老品种的枝干上改接优良品种，进行品种更新，保持果树优良品质、提前结果等优点。达到一年成活，二年成冠，三年丰产的目标，也是柑橘品种更新的捷径。

高接方法：以春季切接为主，选择单芽，成活后发芽生长良好。对 10 ～ 20 年生植株，嫁接口离地面 0.6 ～ 0.7 m，每株嫁接 5 ～ 8 个头，剪锯时要注意断口处平滑，切忌撕裂皮层和木质部。锯大枝时，宜用手锯，先在枝的下方浅锯小半圈，然后自分叉点上部微斜向下部切下，以避免折裂使伤口不愈合。对大伤口，要用利刀削平，并用薄膜包扎或涂凡士林 250 g 加多菌灵 5 g、黄油 100 g 加硫菌灵 2 g 或用枝腐灵涂抹并包裹保护，以防水分蒸发，促进愈合。

七、绿色防控技术

减少化学防治病虫害，提倡物理机械和生物防控。生产中推广"三挂一种"技术，即杀虫灯、黏虫板、挂捕食螨及生草覆盖。同时，推广以虫治虫、以菌治菌技术，减少橘园防治用药次数，节约成本，实现绿色、环保。

八、生草覆盖技术

提倡果园生草和种植绿肥，种植对象应是浅根、矮秆、生育期短且与柑橘无共生性病虫害的作物，以豆科植物和禾本科草为宜。高温或干旱季节，对橘树树盘用秸秆、青草、绿肥等覆盖，厚度 8 ～ 10 cm，距主干 15 ～ 20 cm；保湿保墒，防止土壤干旱，改良土壤，防治病虫害。根据本地气候条件、地理位置等，种植苜蓿、三叶草、藿香蓟等绿肥，以增强防旱保温能力，改善果园小气候，为柑橘生长提供良好的生态环境；并生草可为捕食螨等多种天敌提供栖息地和补充食物，减少病虫害发生。

附件 2 柑橘常用有机、无机肥料有效成分表

有机肥料（kg）					无机肥料（kg）			
肥料种类		N (g/kg)	P_2O_5 (g/kg)	K_2O (g/kg)	肥料种类	N (g/kg)	P_2O_5 (g/kg)	K_2O (g/kg)
人粪尿		5～10	1～4	3	碳酸氢铵	171	—	—
猪粪		6	4.5	5	尿素	460	—	—
牛粪		3	2.5	1	过磷酸钙	—	180～200	—
鸡粪		16.3	14.5	8.5	硫酸钾	—	—	480～500
绿肥	藿香蓟	25.4	2.7	14.5	草木灰	—	20～40	50～100
	蚕豆	5.5	1.2	4.5	磷酸二铵	120～180	460～520	—
	豌豆	5.1	5.1	5.2	磷酸二氢钾	—	240	270
菜籽饼		46	24.8	14	柑橘专用肥	150	150	150
厩肥（沤肥）		4.8	2.4	6.3	三元复合肥	100	100	100

附件 3 柑橘病虫害防治月历

月份	防治对象	农艺防治措施	化学防治措施
1～2月	越冬病虫	人工清园，剪除各类病虫枝叶，集中烧毁，消灭越冬病虫源。	结合人工清园，树冠喷2～3°Bé的石硫合剂杀灭病虫。
3月	疮痂病、树脂病、炭疽病	结合早春修剪，剪除枯枝干叶及病枝；弱树补施催芽肥；干旱时灌水防旱。	春梢开始萌动时喷药防治。主要药剂：波尔多液、多菌灵等。

续表

月份	防治对象	农艺防治措施	化学防治措施
4月	花蕾蛆	浅耕土层杀死幼虫；始花期及时摘除被害花蕾集中烧毁或深埋。	在花蕾露白时，用辛硫磷喷洒地面，用敌百虫喷洒树冠。
	红（黄）蜘蛛	保护、利用和释放捕食螨、草蛉、食螨瓢虫等天敌控制害螨发生。	每叶有2～3头螨虫时即喷药防治。主要药剂有：哒螨灵，四螨嗪，噻螨酮，浏阳霉素等。
	柑橘粉虱、黑刺粉虱	间伐密植园，改善果园通风透光环境，悬挂黄色黏虫板进行诱杀。	当20%叶片上出现粉虱时喷药防治。常用药剂有：机油乳剂，扑虱灵，啶虫脒等。
	疮痂病、树脂病、炭疽病	清除枯枝落叶，集中烧毁。	同三月防治措施
5月	蚜 虫	保护瓢虫等食蚜天敌。	主要防治药剂：烟碱乳油，吡虫啉，抗蚜威，0.3%苦参碱水剂，鱼藤酮等。
	红（黄）蜘蛛	园内释放捕食螨等天敌。	主要防治药剂有：机油乳剂，哒嗪㖒，哒螨灵等。
	矢尖蚧吹绵蚧	剪除密生枝和有虫枝梢；保护寄生蜂、红点唇瓢虫、奥州瓢虫等蚧类天敌。	本月下旬，当叶片上一龄幼蚧初见后20天进行药剂防治。主要药剂有：机油乳剂，石硫合剂、毒死蜱、螺螨酯、氟啶虫胺腈、印楝素等。
	柑橘粉虱、黑刺粉虱	剪除过密枝、病虫枝、减少粉虱滋生场所；橘园悬挂黄色或蓝色黏虫板诱杀成虫。	可用药剂有：粉虱克尽，虱落特，烯啶虫胺，赛诺乳油，敌百虫，松碱合剂，利克虱等。
	疮痂病、树脂病、脂点黄斑病	剪除病枝、病叶，集中烧毁，减少病源；加强管理，培养健壮树势，提高抗病能力。	花落2/3时喷药防治。主要药剂：多菌灵，甲托，氢氧化铜等。树干发病，可用刀刮去病部后用75%酒精消毒，再用多菌灵、瑞毒霉或杀毒矾100～200倍液涂抹。

续表

月份	防治对象	农艺防治措施	化学防治措施
6月	锈壁虱（油橘）	尽量减少使用波尔多液等强碱性杀菌剂；保护食螨瓢虫，捕食螨和草蛉等天敌。	当春梢叶背出现铁锈色或放大镜视野中平有五头以上时喷药防治，主要药剂有：苯螨特，螨代治，苯丁锡等。
	粉虱类	悬挂黄色或蓝色黏虫板进行诱杀；采集已被粉虱座壳孢寄生的枝叶散放到柑橘粉虱发生的橘树上。	该期为白粉虱第二个发生高峰。药剂防治同四月，注意药剂的交替使用。
	蚧类 红（黄）蜘蛛		同五月，注意药剂交替使用。
7月	粉虱 蚜虫	抹除萌发的夏梢，利用杀虫灯诱杀成虫和若虫。	可选药剂有：蜡虱蚧杀，啶虫脒，鱼藤酮乳油，果圣等。
	炭疽病	雨季注意开沟排渍；避免树体机械损伤。	本月可用药剂有：日曹甲托，退菌特等。
	煤烟病	防治蚜虫、粉虱、蚧类。	可用药剂：代森锰锌，甲托，铜帅。
	脚腐病（湿腐病）	雨后及时排水	刮除腐烂皮层涂药：波尔多液，乙磷铝，瑞毒霉等。
	锈壁虱	同六月	阿维菌素＋螺螨酯、杀灭菊酯等。
8月	蚧类	同前	本月可用药剂有：机油乳剂，利克虱，果圣等。
	潜叶蛾	抹除零星早秋梢，人工剪除零星发生的中心虫梢。	秋梢受害率达5%时喷药防治。药剂有：除虫脲，定虫隆。

续表

月份	防治对象	农艺防治措施	化学防治措施
	脂点黄斑病、黑点病	雨季注意开沟排渍，防止积水烂根；剪除零星发生的受病虫危害严重的枝叶，集中深埋或烧毁。	可选药剂有：甲托，多菌灵，炭特灵，中生菌素，宁南霉素，毒克菌克等。
	粉虱、锈壁虱、红（黄）蜘蛛、煤烟病	同六、七月份	同六、七月份
9月	炭疽病	同前	同六、七月份
	红（黄）蜘蛛	同前	可选药剂有：中生菌素，傲农，日曹甲托等。
	蚧类、粉虱、蚜虫	同前	可选用药剂有：浏阳霉素乳油，阿维菌素＋螺螨酯，华光霉素等。
10月	软腐病	采果后，结合深翻改土，增施有机肥，补充养分，恢复树势；防寒防冻，提高抗病力。	采果后树冠喷药防治，可选药剂有：灭病威，中生菌素等。
	蚜虫、粉虱、红（黄）蜘蛛	同前	同九月防治措施
11～12月	越冬病虫	用稻草或秸秆等物覆盖树盘，抗寒防冻；涂白剂树干涂抹。	用波尔多液或2～3°Bé石硫合剂树冠喷洒，进行药剂清园。

附件 4　柑橘喷药浓度用药量及用水量查对表

稀释倍数 \ 用水量 (l 或 kg) / 用药量 (ml 或 g)	7.5	10	12.5	15	20	25	30
100	75.0	100.0	125.0	150.0	200.0	250.0	300.0
200	38	50.0	63.0	75.0	100.0	125.0	150.0
300	25.0	33.0	42.0	50.0	67.0	84.0	100.0
400	19.0	25.0	31.0	38.0	50.0	63.0	75.0
500	15.0	20.0	25.0	30.0	40.0	50.0	60.0
600	13.0	17.0	21.0	25.0	33.0	42.0	50.0
700	11.0	14.0	18.0	21.0	29.0	36.0	43.0
800	9.0	13.0	16.0	19.0	25.0	31.0	38.0
900	8.0	11.0	14.0	17.0	22.0	28.0	33.0
1 000	8.0	10.0	13.0	15.0	20.0	25.0	30.0
1 500	5.0	7.0	8.0	10.0	13	17.0	20.0
2 000	4.0	5.0	6.0	8.0	10.0	13.0	15.0
2 500	3.0	4.0	5.0	6.0	8.0	10.0	12.0
3 000	3.0	3.0	4.0	5.0	7.0	8.0	10.0
3 500	2.0	3.0	4.0	4.0	6.0	7.0	9.0
4 000	2.0	3.0	3.0	4.0	5.0	6.0	8.0

注（1）稀释倍数：是指配兑所需农药的用药浓度。（2）用药量：液剂以毫升（mL）计算，粉剂以克（g）计算。（3）药剂如是液剂，用水量则为 l；如是粉剂，用水量则为 kg。

附录 5 优质柑橘生产周年管理历

月份节气	物候期	目的	农艺措施	技术操作要点
一月（小寒、大寒）	越冬休眠	安全越冬	防寒抗冻 基础设施建设	1. 防寒抗冻。采取覆盖、包扎、放烟等措施，下雪后及时清除积雪。 2. 基础设施建设。利用冬闲时节建设规划园区道路和排灌水系统，方便田间作业。
二月（立春、雨水）	树液流动	增强抗性 安全越冬	清洁果园 土壤改良	1. 清洁果园。摘拾害虫茧蛹，清除病虫干枯枝叶，刮除树干翘皮，苔藓，减少病虫源。根据温度回升情况喷布 2 ～ 3°Bé 石硫合剂。 2. 土壤改良。 (1) 栽前改土。丘陵坡地和质地黏重的土壤建园前应施足有机肥，低洼地域应开挖排水修建沟渠，采取深沟高垄栽培。 (2) 栽后改土。沿树冠滴水线处开挖 30 cm 宽、30 ～ 40 cm 深的土穴，施入有机肥和磷肥，施肥量按树龄由小到大适量增加。

续表

月份节气	物候期	目的	农艺措施	技术操作要点
三月（惊蛰、春分）	春芽萌发	培养树形，促进萌芽	栽植建园、春季施肥、整形修剪、种草挂灯。	1. 栽植建园。 （1）栽植时间。一般在 2 月下旬～ 3 月下旬为宜。 （2）栽植密度。因地制宜，提倡稀植。 （3）栽植方法。采取堆土筑墩或起垄栽植。 （4）栽后管理。天旱时应勤浇水保墒。 2. 春季施肥。以氮肥为主，适当配施磷肥，勤施薄施。 3. 整形修剪。 （1）幼树修剪。以轻剪为主．密生芽除留作配置各级枝组的外，其余全部疏除。 （2）结果树修剪。以平衡树势，优质稳产为目标，剪除细弱枝、下垂枝、密生枝、干枯枝、交叉枝、病虫枝。衰弱树应适当短截重剪，促发新梢；郁闭树应“去大枝、开天窗”。 4. 种草挂灯。在果园中种植藿香蓟，释放捕食螨，悬挂杀虫灯，安放诱虫带和黏虫板等。
四月（清明、谷雨）	花蕾显现、春梢抽发	保花保果、控制春梢数量。	花期复剪、叶面喷肥，病虫防治。	1. 花期复剪。4 月中旬至 5 月上旬进行。短截长果枝，剪除无叶花枝，疏除密生花枝和春梢丛生枝，对当年抽生的新梢疏除 2/3，欲留作后备枝的春梢长至 5 ～ 7 片叶时摘心。 2. 保花保果。实施叶面追肥，合理使用植物生长调节剂，花量大的年份多疏除花枝，花量小的年份多抹除春梢。 3. 病虫防治。做好树脂病、炭疽病、红蜘蛛、蚜虫、花蕾蛆、蚧类等病虫害的防治。

续表

月份节气	物候期	目的	农艺措施	技术操作要点
五月（立夏、小满）	开花坐果、夏梢萌发	花果管理、促进春梢生长。	抹芽保果、病虫防治、幼树施肥、叶面补肥。	1. 抹芽保果。抹除 2/3 春梢，以果压枝，促发中庸枝条。 2. 病虫防治。继续加强对蚧类、螨类、虱类、吉丁虫、炭疽病、树脂病的防治工作，注意药剂交替使用。 3. 幼树施肥。一般在五月中下旬施入一年中第二次促梢肥，以氮肥为主，配合磷、钾肥。施肥量应由少到多逐年增加。 4. 叶面补肥。在嫩芽摘心到新梢转绿前叶面喷肥。可选用营养素等叶面肥。
六月（芒种、夏至）	生理落果，夏梢生长	减少生理落果，促抑新梢生长。	保果定果、夏季修剪、施肥壮果、防治病虫。	1. 保果。及时抹除夏梢，以减少养分消耗，喷植物生长调节剂进行保果，喷施腐殖酸类叶面肥。 2. 夏季修剪。 （1）幼树修剪。新梢抽生至 6 ～ 8 片叶时摘心，促其增粗、充实，尽快分枝，提早形成树冠，提早结果。 （2）结果树修剪。控制夏芽、夏梢，提高坐果率。除个别花果超载的树留少量夏梢外，其余夏芽、夏梢全部抹除。 （3）衰老树修剪 进行更新修剪，尽快恢复树势。 3. 施肥 （1）幼树施肥。在嫩芽摘心到新梢转绿前喷施叶面肥。 （2）结果树施肥。以壮果促梢为主，施肥量占全年 45% 以上。 4. 防治病虫。防治蚧类、螨类等病虫危害。

续表

月份节气	物候期	目的	农艺措施	技术操作要点
七月（小暑、大暑）	夏梢生长，果实生长	施肥壮果、抑制夏梢，促发秋梢	施壮果肥、果园覆盖、防治病虫、抹芽放梢。	1. 施肥。六月份未施肥的，在七月上旬及时施入。 2. 果园覆盖。采取覆盖稻草、地膜等措施保墒抗旱。 3. 防治病虫害。防治炭疽病、潜叶蛾、粉虱、锈壁虱等。 4. 抹芽放梢。一般放秋梢应在 7 月中旬进行，坡地和土壤贫瘠的果园及特早熟品种应适当提前，放梢前的新梢一律抹除。
八月（立秋、处暑）	秋梢生长、果实膨大	培育秋梢、防治病虫、防止湿害、增强树势。	开沟排湿、防治病虫。	1. 开沟排湿。地势低洼的橘园应提前建好排水系统，在园内隔行开挖深 50 cm 左右的排水沟。 2. 防治病虫。继续加强对炭疽病、潜叶蛾、锈壁虱、粉虱、红蜘蛛的防治工作。注意药剂的交替使用。
九月（白露、秋分）	秋梢生长、果实膨大、果实转色	采前准备，科学建园，提升品质。	秋梢管理、果实采收、规划建园、病虫防治、种植绿肥。	1. 秋梢管理。放梢后加强肥水管理，促使其木质化，抹除所萌发的晚秋梢，增强树体抗寒性及抗病性。 2. 特早熟果实采收。做好日南 1 号、大分 4 号等特早熟品种的采收前准备及分期分批采收工作。 3. 规划建园。建园可参照三月份进行，北缘地区应以秋栽为主。 4. 病虫害防治。此期间应抓好对蚜虫、红蜘蛛、潜叶蛾的防治。采果前 20 天停止用药。 5. 种植绿肥。本月下旬种植蚕豆、豌豆和毛苕、山藜豆等绿肥。

续表

月份节气	物候期	目的	农艺措施	技术操作要点
十月（寒露、霜降）	果实着色、成熟采收	精心采收，合理施肥。	果实采售，秋施基肥、剪除秋梢。	1. 果实采售。根据市场需求，分级、分批精细采摘，及时销售。 2. 秋施基肥。采果前后一周内施入，以有机肥为主，配合施入磷肥、氮肥或复合肥等，施肥量占全年的 55% 以上。 剪除秋梢继续抹除萌发的晚秋梢，以防冬季受冻和病菌危害。
十一月（立冬、小雪）	果实成熟、果实采收、花芽分化	精细采摘、增收，恢复或增强树势，消灭越冬病虫源。	果实采售、深施基肥、药剂清园。	1. 果实采售。及时做好果实采收和销售工作，以利于树势恢复及安全越冬。 2. 深施基肥。施肥方法和施肥量参照十月份进行。 药剂清园采收结束后可选用药剂及时进行清园。
十一月（大雪、冬至）	花芽分化、越冬休眠	防止冻害	抗寒防冻，果实贮藏。	1. 抗寒防冻在寒潮来临之前采取应对措施，以减少因冻害而造成的损失。 2. 果实贮藏。需要贮藏的中、晚熟品种，一般以果皮有 2/3 转色，果肉尚坚实而未变软时采收。

第二章　猕猴桃栽培管理技术

猕猴桃（*Actinidia chinensis*）也称狐狸桃、藤梨、羊桃、木子、毛木果、奇异果、麻藤果等，果形一般为椭圆状，外观呈绿褐色，表皮覆盖浓密茸毛，不可食用，其内是呈亮绿色的果肉和一排黑色的种子。猕猴桃的质地柔软，口感酸甜，是一种营养丰富、风味独特、经济价值高的新兴水果。果肉中含有人体所需的营养物质，有“维 C 之王”“生命之果”的美称。

陕西是全球最大的猕猴桃主栽区，猕猴桃已经成为我省苹果之后的第二大果业。汉台区独特的环境也适合猕猴桃的发展，这里目前栽植面积已达 10 万亩以上，成为当地农户增产丰收的经济保障。

第一节　品种选择及育苗要求

一、品种选择

生产上要选择抗逆性强、品质好、商品性好、丰产性好的区域优势品种，如翠香、徐香、瑞玉、阳光金果和农大金猕等。

翠香：该品种为美味系早熟品种，平均单果重 82 g，最大果可达 130 g，果实卵形，果喙端较尖，果实美观端正、整齐、椭圆形，果肉深绿色，味香甜，芳香味极浓，品质佳，适口性好，质地细而果汁多，硬果可溶性固形物含量 11.57%，较软果可溶性固形物含量可达 17% 以上，总糖 5.5%，总酸 1.3%，维生素 C 含量 185 mg/100g，9 月上旬成熟，该品种抗逆性强，适应性广，是一个鲜食的优良品种。

瑞玉：该品种为美味系早中熟绿肉新优种，树势较为强壮，果实长圆柱形兼扁圆形，平均单果重 95 g，最大单果重 142 g；果皮褐色，被金黄色硬毛，果顶微凸；果肉绿色，细腻多汁，风味香甜；可溶性固形物含量 21.3%，平均干物质 23%，可滴定酸 0.82%，可溶性总糖 11.55%，维生素 C 含量 118.09 mg/100g；品质极优，较耐贮藏，在我区 9 月中下旬成熟，是极具发展潜力的品种。

徐香：该品种树体生长势强。果实圆柱形，果型整齐一致，单果重 70 ～ 110 g，果皮黄绿色，被黄褐色茸毛，梗洼平齐，果顶微突，果皮薄，易剥离；果肉绿色，汁液多，肉质细致，具果香味，酸甜适口，含可溶性固形物 15.3% ～ 19.8%，维生素 C 含量 99.4 ～ 123.0 mg/100g，含酸 1.34%，含糖 12.1%，可溶性固形物含量 8.5%。徐香在我区表现良好，适应性强，9 月中旬成熟，其萌芽率、成枝率和坐果率高，在深厚肥沃通气良好的沙壤土中生长最好。

阳光金果：是新西兰佳沛公司历经 14 年精心从金丰和魁蜜杂交后代中选育的。该品种树势强旺，萌芽率高，高抗溃疡病；果实浑圆，大果型，自然条件下单果重 100 g 左右，最大果 150 g；果皮黄褐色，果肉黄色，口感酸甜，多汁馥郁，品质极优，耐储藏，货架期长，是最近几年市场上发展很快的品种。

农大金猕：是金农 2 号和金阳 1 号雄株的杂交后代。果实呈圆柱形，平均单果重 82.1 g，可溶性固形物含量 20.2%，总糖 14.2%，总酸 1.42%，维生素 C 含量 204.52 mg/100g；为黄色果肉，肉质细嫩、多汁，风味香甜爽口；优点：丰产、长势旺、抗逆性强、适应性广、高抗溃疡病。整体来说，是一个综合性状优良的猕猴桃早熟新品种。

二、育苗要求

（一）实生育苗

实生繁殖主要用于实生砧木和杂交育种实生苗的培育。

1. 种子采集

选择生长健旺、无病虫害、品质优良的成年单株，在果实种子完全成熟后进行采种。一般在 9 月下旬至 10 月上旬采种。选择果实大、品质好的鲜果采摘，堆积待后熟变软，将种子连同果肉一同挤出，装入袋中揉碎搓烂，压尽果汁，然后放入水盆中淘洗，慢慢漂出杂质和瘪籽。将洗出的种子用清水洗干净，放在室内阴干，不要在强光下暴晒。

2. 沙藏处理

种子经低温沙藏后才能出苗，否则出苗很少。具体做法是：沙藏前将种子用温水浸泡 12 h，水温以手伸进去不烫为宜。然后，将种子捞出和湿沙混合。沙子含水量约为 20%，一般混合的比例是 5 份沙子与 1 份种子。

沙藏期间要注意每隔一周检查一次，沙子干时应及时掺水，并上下翻动，避免上干下湿。沙藏的种子到第二年露白时就可以下种。

3. 播种

（1）选好育苗地。育苗地以能经常保持潮湿的沙壤土为最好，水源方便，冬季没有冷风侵袭。

（2）育苗地整理。首先要施足底肥。猪粪、牛粪都为好基肥，每亩施 5 000 kg 左右。粪要充分腐熟，打碎后均匀地撒在地里，深翻 20 ～ 30 cm。翻后打碎土块，做成播种畦。畦长因地形而定。如地势很平，可做成长 20 m、宽 1 m 平畦；在多雨地区或低凹地区做成高畦，比地面高 15 ～ 20 cm。

做畦的同时，要将覆盖种子的土准备好。采用三合土，即 1 份细碎地粪，1 份细土，1 份沙子，用细筛过一下，混合均匀。

地下害虫多的地区要撒施或喷施一次杀虫剂，避免害虫伤苗。

（3）掌握好播种时间。以 3 月上旬为好。

（4）精细下种。播种前先将育苗地浇透、浇匀，等水渗下去后再下种。播种时，将种子与几倍的沙或细土混合均匀，以便将种子均匀地撒在畦里。种子撒匀后，上面用准备好的混合营养土覆盖，薄薄一层，刚盖住种子即可，覆土不能太厚太薄。

4. 搭好塑料棚

当幼苗出齐或 80% 出苗时，在竹竿上用遮阳网遮阴，防止小苗猛见阳光而晒死，刚出来的小苗最怕强光晒。

5. 及时移苗

在长出 4 ～ 6 片叶时移苗成活率最高。移苗前要整好苗地。整地的要求与播种地基本相同，畦宽 1 m，畦长视地形而定。

移栽苗栽植行距 12 cm，株距 4 cm。这种距离长出来的苗健壮，当年可以嫁接。

移栽后要及时浇透水，同时要搭遮阳网。棚顶离地面高 50 cm，遮阴度以有 40% ～ 50% 的透光性为宜。

6. 幼苗管理

小苗期要经常注意浇水，保持土壤湿度。到了秋季就可以揭掉遮阴棚。

小苗施肥，可以通过浇水施发酵的人粪尿，也可用 0. 2% 的尿素叶面喷肥或在浇水时施入，不能施肥过量。

当幼苗长 20 cm 时进行摘心，将基部发的芽及时抹除，这样可使小苗长粗。苗期如有病虫危害，要进行病虫害防治。

（二）嫁接繁殖

猕猴桃和其他果树一样，要保持优良品种的特性，必须通过无性繁殖，通常采用嫁接法繁殖。

1. 嫁接时间

春季在伤流前即萌发前 20 大，夏季应在接穗木质化后进行，以 6 ～ 7 月为好，气温高、干燥时最好不要嫁接。秋季嫁接以 8 月中旬至 9 月中旬为好，过迟接芽虽能愈合，到了冬季却易冻死。

2. 砧木的准备

实生苗育成后，要选择根茎以上直径 0.8 cm 的粗壮无病实生苗作砧木。

从外地调运的砧木如有根瘤线虫、溃疡病和根腐病，这些苗木就地烧掉，发现缩水的砧木也不能用。

3. 接穗准备

接穗剪下来，埋入潮湿沙子中贮藏。春季嫁接用枝条，从冬季剪下到春季嫁接时间很长，要保持合适的沙藏湿度。

夏季嫁接用接穗要随采随用，如采下的接穗一天用不完，可放在冰箱内，温度保持在 4 ～ 5℃，能多保存几天。

在田间嫁接时，要将接穗放在阴凉处或用湿布包住，不能在太阳下面暴晒。

4. 嫁接方法

（1）单芽枝腹舌接。这种方法是将单芽枝腹接和舌接结合起来。具体操作：削砧木和接穗与单芽枝腹接相似，不同的是削好后，在砧木和接穗的削面中间再切一刀，长 0.5 ～ 1 cm（以削的接穗和砧木长短而定）。同样都削成舌头形，然后插入，两者相互插而吻合。砧木和接芽相吻合后，后剪好的养料条从下向上包扎结实，然后将接芽条的上部用塑料薄膜封住。

（2）单芽枝腹接。这种方法春、夏、秋季都能用。在砧木离地面 5 ～ 10 cm 处选一端正光滑面，向下斜削一刀，长 2 ～ 3 cm，深达砧木直径的 1/3。在接穗上选取一个芽，从芽的背面或侧面选择一平直面，从芽上 1. 5 cm 处顺枝条向下削 4 ～ 5 cm 长，深度以露出木质部为宜。接穗在接芽下 1.5 cm 处呈 50° 左右切成短斜面，与上一个削面成对应面，接穗顶端在芽眼上 1. 5 cm 处平剪，整个接穗长约 3.5 ～ 4 cm。将削好的接芽插入砧木削出的斜面内，注意一边的形成层要对好。用塑料条从下到上包扎紧。接芽顶部用漆封住。采用这种方法，养分足、生长旺，能出大苗。如果第一次没有接活，可在原来的老砧上补接。

（3）劈接。多在接穗粗度小于砧木时采用，先将砧木在离地面 10 cm 左右的端正光滑处平剪断，在剪断面中间向下纵切 3 cm 长的切口，将接穗的下端削成斜面长 2 ～ 3 cm 的楔形，楔形一侧的厚度较另一侧大，接穗上剪留 2 个饱满芽，将接穗的楔形插入砧木的切口中，使楔形较厚的一侧的形成层与砧木的形成层对齐，将伤口部位用塑料薄膜条包扎严密，接穗顶端用薄膜条包严。

5. 嫁接后管理

（1）除萌蘖。接芽外，从砧木上发的芽一律从基部抹掉，要进行中耕除草。

（2）设支柱。接芽长出 30 cm 时，要在每个苗子附近插上一根竹棍，用细绳将苗松松地绑在支柱上，防止大风折断小苗。

（3）解绑。嫁接成活后，在嫁接后 2 个月左右应解绑。

（4）补接。经检查，发现没有嫁接活，将砧木上发出的芽留一个，长至 20 cm 时剪顶，到 7 月份补接。

（三）苗木定植

1. 栽植时间

从落叶至翌年春季芽萌动前均可栽植。春栽于 2 月底前结束，秋栽于 10 月中下旬至 11 月底进行。

2. 雌雄株配置

猕猴桃为雌雄异株植物，生产上必须配置授粉树。当前猕猴桃生产中雌雄株配置比例以（5 ～ 8）：1 居多。

对雄性品种的具体要求是：一是和雌株品种花期一致；二是开花期要长，雌株的花期结束；三是花粉量要大，花粉生活力强。

3. 栽植密度

使用“T”形架时，株距 2 ～ 3 m，行距 3.5 ～ 4 m；使用大棚架时，株距 3 m，行距 4 ～ 5 m。

4. 定植方法

（1）根系处理。剪去苗木损伤的根系，短截 30 cm 以上的长根。栽前先用泥浆蘸根，泥浆中同时配入符合 NY/T 393 规定的杀虫剂、杀菌剂和生根粉。

（2）定植。在定植点挖开表土，将穴心土堆成凸状，把苗放入定植坑内，使根系均匀分布在穴心土堆周围，边回填熟土边向上轻提苗木，使根系舒展。嫁接苗建园，应解除绑膜，先栽雄株再栽雌株，嫁接口高出土面以上。

5. 栽后管理

（1）定干。选留一个强壮枝蔓保留 2 ～ 3 个饱满芽剪截。大苗建园的主干可适当留高。

（2）浇水覆盖。及时浇足定根水，树盘可用秸秆或地膜覆盖。

（3）绑缚牵引。在苗木根部插立竹竿、木棍或绑缚线绳，牵引强壮枝蔓，培养直立主干。

（4）遮阴。栽植当年在离树 1 m 之外套种旱玉米等作物以防夏季高温危害。

（5）施肥。当新梢长到 50 cm 以上时薄肥勤施，以氮肥为主。

（四）猕猴桃高接技术

1. 高接树选择

进行高接的树必须是生长健壮、长势良好的幼龄树或青壮年树。树龄过大或树势严重衰弱的树体不宜高接换种。

2. 高接时期

猕猴桃高接主要包括三个时期：春季、夏季和秋季。春季高接一般应选择在 2 月下旬和 3 月下旬至 4 月初这两个时间段来进行；夏季高接可选在 7 月枝条木质化时进行；秋季高接可选在 8 月下旬到 9 月中旬进行。

3. 高接树处理

计划第二年春季高接的树，在冬季修剪时将需高接换种的猕猴桃树的大枝截断，回缩到主枝附近，修好断口，并做好清园工作。

4. 高接部位选择

1 ～ 3 年生猕猴桃树一般在距地面 1.5 m 以内选择适宜部位进行高接，4 年生以上树选择在距铅丝下 30 ～ 50 cm 区段高接，成活后可引诱直接上架，生长迅速，易绑于铅丝或钢绞线上。

5. 高接方法

猕猴桃高接方法包括舌接、劈接、皮下枝接及单芽枝腹接。

第二节　栽植建园

一、猕猴桃对产地环境条件的要求

（一）产地空气质量要求

无公害猕猴桃产地及周围不得有大气污染源，特别是上风口不得有污染源，不得有有毒有害气体，烟尘和粉尘排放。无公害猕猴桃产地应距离大型居民区或交通要道 100 m 以上。

（二）产地灌溉水质量要求

猕猴桃灌溉水源要来自地表水、地下水水质清洁无污染的地区，不使用未经过无害化处理的工业废水和城市生活废水，水中的重金属和有毒有害物质含量不得超标。

（三）产地土壤质量要求

产地及产地周围未受到人为污染，土壤中农药残留量在含量限值以内。

二、园地的选择、规划

（一）园址选择

猕猴桃有“四喜”（喜温暖、喜潮湿、喜肥、喜光）“三怕”（怕旱涝、怕强风、怕霜冻）的特点，在建园时要考虑自然条件是不是适合猕猴桃生长，只有条件适宜，才能达到高产、优质、低成本。宜选择背风、向阳、排水良好的平地或坡度25°以下的丘陵坡地，土壤以微酸性（pH5.5～6.5）轻壤土、沙壤土为好；灌溉水源充足，灌溉和排水设施良好。

（二）园地规划

园地规划应充分考虑当地的条件，避免不利因素，合理布局。

1. 划分作业区

作业区是大面积果园的基本单位。大型果园以50亩为一小区，也可以20～30亩为一小区。家庭果园以2～3亩或几十株为一个单元，不再分小区。

2. 道路规划

所有果园的道路分层次修建。要求拖拉机或三轮车、架子车能出入果园，道路直通分级场地。分级场的路，要能通汽车、上公路。小区以道路隔开，道路设置应便于园内管理作业和运输，通常主干道路宽5～6 m，小区干道宽3～4 m，作业道宽2～3 m。

3. 灌溉系统

现代化的喷灌、微喷、滴灌等技术应为首选的灌溉系统。但当前大部分以漫灌为主，在小区和道路平行处修“U”字形渠道，

“U”字形渠道通往果园支渠到毛渠；也可采用渗灌，减少大水漫灌带来的土壤板结。

4. 排水系统

根据土壤类型制定排水系统规格。壤土和黏土，特别是水稻土和黄泥土等黏重地块，主沟深 80 ～ 100 cm、宽 100 ～ 150 cm，支沟深 60 ～ 80 cm、宽 50 ～ 60 cm，使主、支排水沟渠互通，并保持 3° ～ 5° 的比降。沙壤土地块可适当降低沟渠宽度和深度，也可埋设地下输水管道进行排水，在园区道路和梯田内侧建排水沟，并保持沟渠通畅。

5. 分级场和果库

每 50 亩设一个分级场地，可放果箱，临时分级。最好的办法是在果园附近修贮藏库，就地分级，就地贮藏。

6. 防风林

在风害较大地区，要先建防风林，后建园。多风地区在主迎风面距猕猴桃园 5 ～ 6 m 处，建设防风林带或人造防风障。防风林栽植 2 排，行株距 1.0 ～ 1.5 m × 1.0 m，以对角线方式栽植，以树高 10 ～ 15 m 为佳，树种以香樟、水杉、柳树等乔木为主，在乔木之间加植灌木树种。面积较大的果园，在果园迎风面每隔 50 ～ 60 m 设置一道单排防风林。人造防风障高 10 ～ 15m 为宜。

7. 附属设施

面积较大的果园需建造办公室、休息室、工具库、农资库、配药场、积肥堆沤场以及水肥一体化机房等必需的生产附属设施。

三、整地改土

（一）深翻改土

平地及坡度 15° 以下的缓坡地，根据园地规划，结合道路、水渠修建，采用全园耕翻改土。沙壤地开沟起垄，垄沟深 60 cm、宽 50 cm。对水稻土和黄泥土等黏重地块，翻耕深度不小于 100 cm，深沟高垄，垄沟深 60 ～ 80 cm、宽 50 ～ 60 cm。将起垄、开沟产生的土回填到栽植垄行中心，形成高出畦面 25 ～ 30 cm 的栽植行带。在垄面每亩施入腐熟有机肥 3 000 kg 或商品有机肥 1 200 kg，再旋耕整理成中间高两边低呈龟背状垄面。园地主、支排水沟渠要通畅，一般主排水沟深 80 ～ 100 cm、宽 100 ～ 150 cm。

（二）坡地改土

坡度 16° ～ 25° 的山坡地，改坡为梯，开沟改土。以等高线水平间距 4 m 宽划线，开挖梯地，随弯就势，平高垫低，使梯面宽 ≥ 3 m。然后从梯地中心挖出宽 1 m、深 0.8 m 的栽植沟，每亩施入腐熟有机肥 3 000 kg 或商品有机肥 1 200 kg，分层填埋，形成栽植行带。最后在梯地内侧挖深宽各 30 cm 的排水沟，其土可用于梯地外侧筑土埂，整理后的梯面略向内倾斜 2° ～ 3°。

第三节 生产管理

一、整形修剪

（一）架式

猕猴桃属于藤本果树，需要搭架供其攀缘。猕猴桃生长势旺，新梢年生长量可达 3 ～ 8 m，宜采用大棚架（平地果园）或“T”形棚架。大棚架通风透光性好，有利于猕猴桃的生长与结果，并减少强光对果实的灼伤。当幼树长至 2m 以前，必须及时搭架，以便树体整形和树冠培养。

大棚架的架设方法：支柱长 2.5 m，地上高 1.8 m，埋入土中 70 cm，支柱间距 6 m，横梁可采用三角铁、钢管或钢索连接，然后沿树行线方向每隔 50 ～ 60 cm 拉一道 8 ～ 10 号镀锌铁丝或防锈钢丝。为了加固大棚架，提高其负载量，应对树行两端支柱进行加固。加固的措施是将立柱以 60° 的倾斜角向外侧斜埋入土中。再在柱顶向下垂线方向，挖 80 ～ 100 cm 深穴，埋入锚石，并用细钢索一头缚住锚石，另一头连接柱顶，拉紧铁丝使与地面垂直，然后埋土踏实达到加固目的。

“T”形棚架的架设方法：在一根 2.5 m 高的支柱顶端加一横梁，横梁长 2 m，横梁上牵 5 道铁丝，中间一道架设在植株顶端。

支柱与支柱之间的距离为 4 ～ 6 m，行两端支架的固定方式与大棚架相同。

（二）整形

整形通常采用单主干，在主干上接近架面的部位选留 2 个主蔓，分别沿中心铅丝伸长，主蔓的两侧每隔 25 ～ 30 cm 选留一强旺结果母枝，与行向成直角固定在架面上，呈羽状排列，俗称“一杆两蔓树形”。

苗木定植后的第 1 年，在植株旁边插一根细竹竿，从发出的新梢中选择一个生长最健旺的枝条作为主蔓，将其用细绳固定在竹竿上，引导新梢直立向上生长，每隔 30 cm 左右固定一道，以免新梢被风吹劈裂。注意不要让新梢缠绕竹竿生长，如果发生缠绕要小心地解开。植株上发出的其他新梢，可保留作为辅养枝，如果长势强旺，也应固定在竹竿上。对于嫁接口以下发出的萌蘖枝要定期检查，及时去掉，尤其是 6 月以后容易发生徒长枝，一定要勤检查，尽早剪除。冬季修剪时将主蔓剪留 3 ～ 4 芽，其他的枝条全部从基部疏除。

第 2 年春季，从当年发出的新梢中选择一长势强旺者固定在竹竿上，引导其向架面直立生长，每隔 30 cm 左右固定一道，其余发出的新梢全部尽早疏除。当主蔓新梢的先端生长变细、叶片变小、节间变长，开始缠绕其他物体，表明生长势已经变弱时进行摘心。将新梢顶端去掉几节，使新梢停长一段时间以积累营养，顶部芽发出二次枝后再选一强旺枝继续引导向上直立生长。当主蔓新梢的高度超过架面 30 ～ 40 cm 时，将其沿着中心铅丝弯向一边引导作为一个主蔓；并在弯曲部位下方附近发出的新梢中，选出一强旺者将其引导向相反一侧沿中心铅丝伸展作为另一个主蔓，着生两个主蔓的架面下直立生长部分称为主干。两个主蔓在架面以上发出的二次枝全部保留，分别引向两侧的铅丝上固定。冬季修剪时，架面上沿中心铅丝延伸的主蔓不宜留过长，否则容易中部光秃，剪留 40 ～ 50 cm 即可，细弱枝剪留 2 ～ 3 芽，其他枝条均剪留到饱满芽处。如果主蔓的高度达不到架面，仍然剪到饱满芽处，第二年发出强壮新梢后再继续上引。

第3年春季，架面上会发出较多新梢，分别在两个主蔓上选择一个强旺枝作为主蔓的延长枝继续沿中心铅丝向前延伸，架面上发出的其他枝条由中心铅丝附近分散引导伸向两侧，并将各个枝条分别固定在铅丝上，主蔓的延长头相互交叉后可暂时进入相邻植株的范围生长，枝蔓互相缠绕时摘心。冬季修剪时，将主蔓的延长头剪回到各自的范围内，在主蔓的两侧大致每隔20～25 cm留一生长旺盛的枝条剪截到饱满芽处，作为下年的结果母枝，生长中庸的中短枝剪留2～3芽。将主蔓缓缓地缠绕中心铅丝，大致1 m左右绕一圈，这样在植株进入盛果期后枝蔓不会因果实、叶片的重量而从架面滑落。保留的结果母枝与行向呈直角、相互平行固定在架面铅丝上，呈羽状排列。

第4年春季，结果母枝上发出的新梢以中心铅丝为中心线，沿架面向两侧自然伸长，采用“T”形架的，新梢超出架面后自然下垂呈门帘状；采用大棚架整形的新梢一直在架面之上延伸，冬季修剪时在主蔓两侧每隔30 cm左右配备一个强旺结果母枝。在有空间的地方，保留中庸枝和生长良好的短枝。

大致到第4年生长期结束，树冠基本成形，下一步的任务主要是在主蔓上逐步配备适宜数量的结果母枝，还需要3年左右的时间才能使整个架面布满枝蔓，进入盛果期。

（三）修剪

猕猴桃的修剪分为冬季修剪和夏季修剪。秋季落叶后，枝条中的大量养分分解后运输到主蔓、主干和根部，以度过冬季的不良环境。春季地温变暖后，树液开始流动，根部吸收合成的养分和枝干贮藏的养分运向地上部的各个部位。因此，冬季修剪过早过晚都会造成树体的营养损失，一般应在12月下旬左右开始至第二年1月下旬树体休眠期间进行。夏季修剪主要在生长旺盛季节进行。

1. 冬季修剪

冬季修剪主要任务是配备适宜的结果母枝，同时对衰弱的结果母枝进行更新，使结果部位能够始终保持在距离主蔓较近的区域。修剪结束，亩留芽量控制在2万芽左右，并合理地分布在整个架面上，以保证树体持续丰产、稳产。

（1）结果母枝选留。尽量选用距离主蔓较近的枝条，选择生长健壮、充实的发育枝和结果枝作下一年结果母枝，不要选择徒长枝作结果母枝。

（2）留枝量、留芽量。单株留枝量应根据树龄、树势、株行距、土肥条件及管理水平决定，一般每平方米选留1.5～2个结果母枝，每株树选留18～20个结果母枝，每枝剪留15～18芽。修剪时改变传统短截方法，以长梢修剪为主，遵守少留枝多留芽、轻剪长放的修剪原则。

（3）培养预备枝。未留做结果母枝的，如果着生位置靠近主蔓，剪留2～3芽为下年培养更新枝，其他枝条全部疏除，同时剪除病虫枝、细弱枝等。

2. 夏季修剪

夏季修剪是冬季修剪的继续，目的在于改善树冠内部的通风透光条件，调节树体养分的分配，以利于树体的正常生长和结果。

夏季修剪实际上是从春季开始直到秋季的整个生长季节的枝蔓管理，与其他果树相比，猕猴桃夏季修剪的工作更为重要。

（1）抹芽。即除去刚发出的位置不当或过密的芽，以达到经济有效地利用养分、空间的目的。从春季开始，主干上常会萌发出一些潜伏芽长成势力很强的徒长枝，根蘖处也常会生出根蘖苗，这些都要尽早抹除。从主蔓或结果母枝基部的芽眼上发出的枝，常会成为第二年良好的结果母枝，一般应予以保留。由这些部位的潜伏芽发出的徒长枝，可留2～3芽短截，使之重新发出二次枝后缓和长势，培养为结果母枝的预备枝。对于结果母枝上抽生的双芽、三芽，一般只留一芽，多余的芽及早抹除。抹芽一般从芽萌动期开始，每隔2周进行一次，抹芽要及时、彻底，可避免大量营养浪费，并大大减少其他环节的工作量。

（2）疏枝。疏枝从5月下旬开始，6～7月枝条旺盛生长期是关键时期。在主蔓上和结果母枝的基部附近留足下年的预备枝，即每侧留 10 ～ 12 个强旺发育枝以后，疏除结果母枝上多余的枝条，使同一侧的一年生枝间距保持在 20 ～ 25 cm，疏除对象包括未结果且下年不能使用的发育枝，细弱的结果枝以及病虫枝等。

（3）绑蔓。绑蔓主要是针对幼树和初结果树的长旺枝，是猕猴桃极其重要的一项工作，尤其在新梢生长旺盛的夏季，每隔 2 周全园就应进行一次，将新梢生长方向调顺，不互相重叠交叉，在架面上分布均匀，从中心铅丝向外引向第 2、3 道铅丝上固定。猕猴桃枝条大多数向上直立生长，与基枝的结合在前期不很牢固，绑蔓时要注意防止拉劈，对强旺枝可在基部拿枝软化后再拉平绑缚。为了防止枝条与铅丝摩擦受损伤，绑蔓时应先将细绳在铅丝上缠绕 1 ～ 2 圈再绑缚枝条，不可将枝条和铅丝直接绑在一起，绑缚不能过紧，使新梢能有一定的活动余地，以免影响加粗生长。

（4）摘心。摘心一般隔 2 周进行一次。对于外围枝可于花蕾上留 3 ～ 4 片叶摘心；主蔓附近给下年培养的预备枝前期长放不摘心，当顶端开始变细打弯缠绕时再摘心。摘心后发出二次枝时反复摘心。

二、土肥水管理

（一）土壤管理

1. 深翻改土

猕猴桃定植后，根系生长快，需及时对果园土壤进行改良。特别是对土壤通透性差，有机质含量低，肥力差的园地，必须进行土壤改良。深翻改土是主要途径之一。一般在 10 月至次年元月结合施基肥进行效果最佳。

（1）作用。熟化深层土壤，增加土壤有机质，提高土壤肥力，有利于根系生长。

（2）方式。扩穴和撩壕。对于挖定植穴栽植的园地，栽后每年或隔年从原来的定植穴向外扩穴，挖深度为 60 ～ 80 cm、宽 30 cm 以上的环状沟，底层填入粗有机料，促进有机料的腐烂填入底土；熟土与家畜粪、饼肥等有机肥混匀后填在根系集中层，扩穴需逐年进行，直至全园翻遍为止。对于壕沟栽种的园地，可采用挖壕沟改土的方法，即在果园行间挖壕沟，壕沟内同样需要施入肥料。梯田可先翻株间，其次翻内侧，第三次翻外侧，此法伤根少，便于机械化操作。在通透性差的黏重土壤果园扩穴改土时，可采用株间挖沟，使扩穴沟与原栽植沟相通，并与地下排水沟连接，以解决原定植穴内积水的问题，达到既深翻改土又治涝的目的。

（3）注意事项

深翻深度应视土壤质地而异：板结、黏重土壤应深，黏重土壤回填时可掺沙、谷壳等增强通透性；地下水位较高的土壤宜浅，以免与地下水系相连而造成危害。

深翻时尽量少伤根，以不伤骨干根为原则。

深翻后立即浇透水，使土壤与根系密切接合，以免引起旱害。

2. 地面覆盖

（1）作用。首先，覆盖可以调节土壤的温湿度，使土壤保持疏松湿润，冬春季节可以提高土温，夏秋季节可降低土温，有利于根系的生长；其次，果园通过地面覆盖，可显著提高土壤肥力，增加土壤有机质，改善土壤理化性状；第三，通过地面覆盖，可防止杂草滋生，不需中耕除草，既可保持良好而稳定的土壤团粒结构，又可节省劳力；最后，覆盖可缓和降雨对土壤的直接侵蚀，降低地表径流，减少水土流失。

（2）方法。在干旱季节来临之前灌透一次水（或一次大雨之后），利用稻草、秸秆、谷壳等材料覆盖树盘或全园。一般幼年园采用树行覆盖，成年园采用全园覆盖，覆草厚度以 15 ～ 20 cm 为宜。

（3）种植绿肥。果园种植绿肥有利于培肥地力。绿肥按季节分为冬季绿肥和夏季绿肥。冬季绿肥于秋季播种，春季压入土中，主要是满园花、红花草籽、萝卜等；夏季绿肥于春季播种，夏季翻压或多次刈割覆盖于地表，主要是豆科作物，三叶草、黑麦草等。幼年果园光照充足时，也可间种西瓜、蔬菜等经济作物，以增加前期经济收入。

（4）果园除草。幼树定植后因下雨或浇水，土壤湿润、肥沃，杂草容易生长，与猕猴桃根系争夺肥水，因此，要及时清除树行带或树盘（直径 1 m 以上）杂草。除草时，以不伤根系为准。因猕猴桃根为肉质根，对草甘膦等化学除草剂敏感，除草时最好不用化学除草剂，防止产生药害。

（二）施肥

猕猴桃需大肥大水，其枝叶生长量大，结果量多，每年需消耗大量养分，必须及时补充肥料，提高树体营养水平，保证猕猴桃丰产稳产。根据施肥时期和肥料种类，分基肥和追肥。

1. 基肥

（1）时期和种类。采果后至休眠期（次年 1 月）尽早施入，以采果后施肥效果最佳，此时地温较高，有利于根系吸收养分（贮存树体内），有利于花芽分化。肥料种类主要以有机肥、磷肥等迟效性肥料为主，落叶前配合施速效氮肥。有机肥主要有菜枯等饼肥、人畜粪、厩肥、生物菌肥等，成年结果树一般每株施菜枯 10 kg 或油桐枯 20 kg、人畜粪或厩肥 50 ～ 80 kg、磷肥 1 kg；幼年树一般每株施菜枯 2.5 kg 或油桐枯 5 kg、人畜粪或厩肥 15 ～ 25 kg、磷肥 0.5 kg；施肥前，有机肥需堆沤发酵 30 天以上。

（2）施肥方法。初结果园可采用环状沟施、穴施或条状沟施，要求沟（穴）深度达 40 ～ 50 cm，肥料放入沟中时要充分与土壤拌匀，可结合深耕改土进行；对成年园，其根系已布满全园，可隔年采用全园撒施和沟施。

2. 土壤追肥

（1）时期和种类。一般全年追肥 2 次，第一次于萌芽前，即 2 月中下旬至 3 月上旬，追施 1 次速效肥，每株施尿素 0.25 ～ 0.5 kg，复合肥 0.5 ～ 1 kg，促进萌芽抽梢；第二次于果实迅速膨大期，即 5 月中下旬，追施 1 次壮果肥，每株施复合肥 0.25 ～ 0.5 kg，促进果实生长。

（2）施肥方法。春肥可利用雨天，采用地面撒施，幼树撒在树盘范围内，成年园全园撒施；壮果肥可浅沟施或采用地面撒施并浅耕一次表土，施后灌一次水。

（3）根外追肥。猕猴桃坐果后至10月，每15～20天喷一次1%的尿素加0.2%的磷酸二氢钾液或其他全营养叶面肥。

（三）果园排灌

猕猴桃性喜湿润而怕干旱。同时它的根为肉质根，对土壤缺氧反应非常敏感，耐涝性差，所以要加强果园的排灌工作。

1. 雨季排水（4～6月）及时开沟排水，要求土层深度50 cm以上无积水。平地果园多采用高垄栽培，园内要有围沟、横沟及竖沟，每隔1～2行要有一条行沟，使整个果园沟沟相通，围沟、横沟及竖沟深度30 cm以上，行深一般浅围沟、横沟、竖沟。

2. 灌溉猕猴桃需水量大，干旱季节（6～9月），应及时灌溉，连续高温干旱时，每隔5天左右灌水一次。灌溉方法主要有地面灌溉（沟灌、穴灌、树盘灌）、喷灌和滴灌等。

三、花果管理

（一）疏花蕾

对于成花容易，花量大，序花为主的雌性品种，为了减少坐果期疏果的工作量，可在蕾期（能分辨侧花蕾时）疏除小的侧花蕾，过密的小主花蕾，有利于主花蕾的生长发育。

（二）授粉

猕猴桃属雌雄异株果树，因此栽培中需配置一定比例的雄株，且要求雌雄品种的花期相遇。猕猴桃靠昆虫或风传粉，只要花期天气晴朗，无连绵阴雨，则坐果率可达95%以上，为提高授粉受精率，还可用果园放蜂和手工授粉等辅助措施，特别是在阴雨天需要采用人工授粉来提高授粉受精率。花期可喷2%～3%的蔗糖溶液吸引昆虫，有利于授粉。

1. 果园放蜂　在猕猴桃花期有10%～20%的花开放后，每公顷果园放8箱蜜蜂。

2. 手工授粉 若遇阴雨天气，昆虫活动减弱时，可进行人工辅助授粉。方法是：摘取开放的雄花涂抹刚开放的雌花柱头，或采集花粉用毛笔、海绵等点授，或随配花粉液用手持喷雾器对花喷射。

（三）疏果

在授粉正常的情况下，猕猴桃坐果率高，基本上没有生理落果现象，坐果量大，所以必须重视疏果。

（1）疏果时期。坐果 2 周内进行（5 ～ 6 月初）。

（2）方法。疏除畸形果、小果、病虫果及侧花果，保留由主花发育而成、外形端正、形体大的果实。一般强壮果枝留果 5 ～ 6 个，中果枝留 3 ～ 4 个，短果枝留 1 ～ 2 个，弱果枝不留。

第四节 病虫害防治

猕猴桃是一种新兴水果，病虫害相对较少，但随着生产规模的扩大和时间的推移，对猕猴桃病虫害也应引起足够的重视。主要病害有溃疡病、细菌性花腐病、灰霉病、根腐病、根结线虫病等，主要虫害有金龟子类、蚧壳虫类、椿象类、红蜘蛛、夜蛾、 叶蝉等。其综合防治方法有以下几点：

一、农业防治

（1）加强栽培管理，增强树势，多施有机肥，防止偏施氮肥、化肥。雨季注意清沟排水防止积水，降低果园湿度。

（2）结合冬季修剪，剪除病虫枝，刮去树干老翘皮，并清除田间枯枝、落叶、烂果，铲除杂草，带出果园集中烧毁（有溃疡病的果园需烧毁），或结合施冬肥时深埋入土中深度 1 m 以上，并用生石灰、石硫合剂残渣或其他杀菌、虫剂处理后填埋。

（3）合理选择栽种密度，加强冬夏季修剪，改善果园通风透光条件，减少介壳虫发生。

（4）冬春季对土壤进行翻耕，消灭地下的金龟子幼虫和蛹。

在成虫发生期，利用金龟子、柑橘大灰象甲的假死性，于清晨或傍晚震动枝干，成虫即落地，集中捕杀，并及时剪除被钻心虫危害的嫩梢。

（5）萌芽展叶后即在果园附近挂诱蛾灯或频振式杀虫灯，可防治趋光性强的蛾类、金龟子类等害虫。

二、化学防治

根据果园病虫害发生实际情况，按下列方法防治。

猕猴桃主要病害及防治

主要病害	防治技术
溃疡病	1. 选用抗病品种，采用无病原的接穗；科学栽培，加强土肥水管理，合理负载，增强树体抗病能力；适时合理修剪，剪除病枝，彻底清理田间枯枝落叶，集中出园烧毁，进行树干涂白防冻，减少越冬菌源量；做好修枝剪、嫁接刀等工具消毒，避免交叉感染。 2. 药剂防治。分别于果实采收后、冬季修剪后、萌芽前和开花前喷药防治。可交替选用 70% 可杀得叁千可湿性粉剂 1 000 倍液，或中生菌素 600 倍～ 800 倍液、或梧宁霉素 800 倍液，或 20% 噻菌铜 600 倍液等全树喷雾。
褐斑病	1. 强果园管理，清沟排水，高温期降低园内湿度；增施有机肥；科学整形修剪，保持果园通风透光；合理负载，维持健壮的树势；冬季及时清园，结合冬季修剪，清除病枝、病叶，集中出园烧毁。 2. 药剂防治。冬季清园后喷施 5°Bé 的石硫合剂，杀灭枝蔓上的病菌。花后喷第一次药，以后每隔 7 ～ 10 天喷一次药，连喷 2 ～ 3 次。喷 0.3% 苦参碱水剂 200 倍～ 300 倍液，或 1 000 亿孢子 /g 枯草芽孢杆菌可湿性粉剂进行防治；也可交替选用 25% 嘧菌酯悬浮剂 2 000 倍液，或 70% 代森锰锌 600 倍液，或 70% 甲基硫菌灵可湿性粉剂 1 000 倍液等喷雾防治。6 ～ 7 月，喷 25% 戊唑醇可湿性粉剂 2 000 倍液、或 10% 苯醚甲环唑 2 000 倍液进行防治。

续表

主要病害	**防治技术**
花腐病	1. 加强园地肥水管理，提高树体的抗病能力；摘除病蕾病花，减少病源数量。 2. 分别于冬季修剪后和芽萌动前，全园喷 3 ～ 5°Bé 的石硫合剂。真菌性花腐病，于萌芽至花前喷 0.3% 苦参碱水剂 200 倍～ 300 倍液，或 1 000 亿孢子 /g 枯草芽孢杆菌，或交替喷施 65% 的代森锌或代森锰锌 500 倍液进行防治。细菌性花腐病，于萌芽至花前喷 2% 春雷霉素可湿性粉剂 400 倍液，或中生菌素 600 倍～ 800 倍液等进行防治。每 10 ～ 15 天一次，特别是在猕猴桃开花初期应重防一次。
灰霉病	1. 加强果园管理，合理灌水和排水，控制果园湿度；科学整形修剪，保持果园通风透光；及时疏除病叶、病花、病果，清除园内枯枝、落叶，带出园外深埋处理。 2. 药剂防治。花前喷 70% 甲基硫菌灵可湿性粉剂 1 000 倍～ 1500 倍液。花后喷 1 000 亿孢子 /g 枯草芽孢杆菌可湿性粉剂，也可交替喷施 30% 代森锰锌悬浮剂 600 倍～ 800 倍液，或 50% 腐霉利可湿性粉剂 500 倍液，或 50% 异菌脲可湿性粉剂 1 500 倍液等进行防治。每隔 7 天喷 1 次，连喷 2 ～ 3 次
根腐病	1. 起垄栽培，垄面浅栽；开沟排湿；加强园地肥水管理，增强树势；拔除病株，彻底清理病残体，集中销毁。 2. 药剂防治。用哈茨木霉菌 2 000 倍液，或多黏芽孢杆菌 1 000 倍～ 2 000 倍液，或 65% 的代森锌 400 倍液灌根防治。
根结线虫病	1. 选择没有病原线虫苗木建园。加强栽培管理，增施生物菌肥，增强树势，提高抗病性。 2. 发病植株用淡紫拟青霉或厚孢轮枝菌灌根。
金龟甲类	1. 深秋或初冬翻耕土地，消灭部分幼虫，减少田间害虫数量。禁止施用未充分腐熟的农家肥。也可用黑光灯或频振式杀虫灯诱杀，或用糖醋液诱杀成虫（糖醋液由红糖 1 份、醋 2 份、水 10 份、酒 0.4 份、敌百虫 0.1 份混合而成）。 2. 在成虫危害期，叶面喷 80 亿孢子 /mL 金龟子绿僵菌可分散油悬浮剂 500 倍～ 750 倍液，或 0.5% 藜芦碱 600 倍液，或 2.5% 高效氯氰菊酯乳油 2 000 倍液，或 10% 吡虫啉可湿性粉剂 1 500 倍液，或 25% 噻虫嗪 3 000 ～ 4 000 倍液等进行防治。

续表

主要病害	防治技术
介壳虫类	1. 刷掉越冬虫体，剪除受害严重的枝条。 2. 萌芽前喷布 3 ～ 5°Bé 的石硫合剂或柴油乳剂 50 倍液；越冬后第一次孵化盛期，交替 240 g/L 螺虫乙酯悬浮剂 2 500 倍，或 25% 噻嗪酮可湿性粉剂 1 000 倍～ 1 300 倍液等进行防治。
蝽象类	1. 冬季清除枯枝蔓落叶和杂草，刮除树皮，于园外销毁；5 月底以后，在果园悬挂趋避剂驱蝽王，驱赶蝽象。 2. 越冬成虫出蛰期和幼龄若虫发生期，交替选用 2.5% 高效氯氰菊酯乳油 2 000 倍液或 10% 吡虫啉可湿性粉剂 1 500 倍液等进行防治。
叶蝉类	1. 杂草为叶蝉类的越冬场所，冬季清园，减少虫口基数。 2. 越冬代成虫出蛰期和第一、二代若虫孵化盛期，可喷施安全性高的生物源杀虫剂，如 0.3% 印楝素乳油 500 倍～ 800 倍液，0.5% 藜芦碱 600 倍，或 0.8% 阿维 · 印楝素乳油 750 倍液，或 0.5% 烟碱 · 苦参碱 750 倍～ 1 000 倍液、或 1.5% 除虫菊素水乳剂 1 000 倍液进行防治。也可交替喷施高效低毒的 4.5% 高效氯氰菊酯乳油 3 000 倍液，或 25% 噻嗪酮可湿性粉剂 1 000 倍～ 1 300 倍液，或 25% 噻虫嗪 3 000 ～ 4 000 倍液等进行防治。
叶螨类	1. 结合冬季清园，清除杂草及病虫枝蔓烧毁，刮翘皮。通过果园生草，保护天敌，释放捕食螨，以虫治螨。 2. 在猕猴桃萌芽前，全园全株喷施 3 ～ 5°Bé 石硫合剂。花前在做好虫情测报的基础上，平均每叶有 4 ～ 5 头时，进行化学防治。交替喷施 240 g/L 螺螨酯 2 000 倍～ 3 000 倍液，或 5% 唑螨酯悬浮剂 1 000 倍～ 2 000 倍液，或 1% 甲氨基阿维菌素苯甲酸盐乳油 3 000 倍液等防治。
小薪甲	1. 冬季彻底清园，刮翅皮后集中烧毁。 2. 谢花后，交替选用高效、低毒、低残留农药，如 0.5% 藜芦碱 600 倍液，或 20% 甲氰菊酯乳油 3 000 倍液，或 2.5% 高效氯氰菊酯乳油 2 000 倍液，或 10% 吡虫啉可湿性粉剂 1 500 倍液，或 25% 噻虫嗪 3 000 ～ 4 000 倍液等进行防治。

第三章　李子栽培管理技术

李子（*Prunus salicina* Lindl）是蔷薇科李属植物，别名嘉庆子、布霖、李子、玉皇李、山李子。果实饱满圆润，口味甘甜，是人们最喜欢的水果之一。李子味酸，能促进胃酸和胃消化酶的分泌，并能促进胃肠蠕动，因而有改善食欲，促进消化的作用，尤其对胃酸缺乏、食后饱胀、大便秘结者有效。新鲜李肉中的丝氨酸、甘氨酸、脯氨酸、谷酰胺等氨基酸，有利尿消肿的作用，对肝硬化有辅助治疗效果。李子中含有多种营养成分，有养颜美容、润滑肌肤的作用，李子中抗氧化剂含量高的惊人，堪称是抗衰老、防疾病的“超级水果”。

第一节　品种选择及育苗要求

一、品种选择

应选择抗性强，适应当地气候，土壤环境条件的品质优良、色好，风味浓，丰产稳产，与其他品种授粉亲合力好的品种。如果是从国外或外地引进有特殊优良性状的新品种，引入地与种植地气候条件最好相近或相似，引种容易成功。近年来在我区生产上常用的品种有：黑宝石、安哥诺、黑琥珀、青脆李、脆红李和蜂糖李等。

二、育苗要求

李子育苗生产上常用的方法是嫁接育苗。

（一）砧木培育

常选择毛樱桃、山桃等做砧木。毛樱桃砧苗具有容易培育、抗逆性强，矮化、早实、早熟等特点；山桃砧木具有亲和力强、生长快、结果早、耐旱、果大味甜等优点，但缺点是不耐湿，易发生根癌病、流胶病，树势易早衰、寿命短。

1. 选地育苗

苗圃地选择地势平坦处，以土层深厚、土质疏松肥沃、排水良好、光照充足的壤土或沙壤土为好，盐碱地及种植过树木的园地不适宜。

2. 育苗前期准备

冬前先灌水、深翻。3 月下旬整地、铺地膜。地膜最好南北方向铺，便于苗木均匀地接受光照。地膜要求铺平、盖严。根据地势和走向确定育苗畦走向，挖好排水渠道，施肥整地，每亩施 3 000 kg 的腐熟优质圈肥或半腐熟农家肥加 15 kg 复合肥，深耕耙平。做成宽 1 m、长 30 m 畦，采用高低畦育苗。高畦宽 80 cm，高 20 cm，在畦背上单行种植。两畦间距 20 cm 为低畦，做排水沟，育苗前 3 天灌足底水。

3. 种子采集

从生长健壮、无病虫害、丰产的母株上采集充分成熟的果实。采集的果实立即浸入水中搓擦，去掉果肉和漂浮的不饱满种子，将沉在水底饱满的种子捞出，放置阴凉通风处晾干。

4. 层积处理

将种子和湿沙按 1 ∶ 4 比例拌匀，沙湿度以手握成团，伸开手松散为宜。盛入木箱中置于贮藏沟内，沟深 50 cm，宽 90 cm，木箱上盖用板条覆盖，利于种子通气。填满湿沙后覆土，覆土厚度一般 5 cm 左右，略高于地面，防止雪、雨水流入。播种前 2 至 3 天，将经过层积处理的种子放在温室或室内进行催芽，将发芽的种子拣出待播。

5. 播种

播种以 4 月上旬前进行为宜。将种子按间距 15 ～ 18 cm 播种到犁好的高畦沟内，立即覆土至畦面平，覆土厚约 3 cm。将畦面压实，盖一层草，防止水分过度蒸发。每亩播种 7 kg。为保证播种质量和出苗整齐，种子不发芽不播种。种子播种后及时喷水保持畦面湿润，利于出苗，北方地区土温较低，忌畦面灌水，降低土温或造成土表板结，影响出苗。播种后天气晴，4至5天就有苗顶出地膜，7至10天苗就可以出齐。出苗时每天检查，及时解除顶土苗，防止苗弯曲在地膜内，或被烫伤。当畦面露出苗芽后，撤去覆草。幼苗长出4片左右真叶时，按15～18 cm株距定苗补苗，加强施肥、浇水及病虫防治管理，促使苗木健壮生长。秋季苗高80 cm左右，径粗0.9 cm左右，达到嫁接标准。翌年春季在苗床上嫁接。

6. 幼苗管理

砧苗前期管理极为重要，促进砧苗前期旺长除使用地膜覆盖外，还要进行根外追肥，砧苗长到5～8 cm时，用0.5%的磷酸二氢钾加0.2%的尿素叶面喷雾，根外追肥2～3次，每次相距20天左右。6月上旬砧苗长到20 cm时全部摘心，促进分根和加粗生长。

（二）李子树采穗

1. 时间

在11～12月或者翌年3月树液未流动前采集。采集时将生长健壮、无病虫害1年生李子树枝条冷藏贮存，用湿沙土埋上，储存温度保持在0℃以下。5月初采集嫁接穗。

2. 方法

在生长健壮、无病虫害，芽饱满的枝条上采集嫁接穗。穗长8～10 cm，每个穗上保留2个饱满芽，茎粗是砧木嫁接部位2/3。接穗前用冷水浸泡24 h。嫁接时，在第2个芽下1 cm处由上向下削2个长为2.3～2.6 cm对称偏楔形平直削面，随削随接为宜。

（三）李子树嫁接

1. 时间

李子的嫁接方法与桃树相同，芽接和枝接均可，毛桃砧以芽接较易，李砧以切接较芽接方便。芽接时期以6月中旬～8月中旬最好，枝接则春、秋两季均可，春接在1月上旬～2月初，秋接在8～9月。选择晴天嫁接。

2. 部位

嫁接部位在砧木主干距地面6～10 cm，茎粗1.0 cm左右处。

3. 方法

嫁接时，用剪刀将砧木距离地面 5 ～ 6 cm 处水平剪断，剪口直径为 1.0 cm 左右。在树干朝阳面，用刀片自上而下从断面正中间切开一个长为 2.2 ～ 2.5 cm 的劈口。切削用刀要锋利、洁净，切削接穗和砧木时一刀成，切面要光滑整洁，忌反复切削，如切削面出现毛刺，影响接穗和砧木的贴合。砧木和接穗切削好后，把接穗切削面插入砧木劈口内，将朝阳一侧形成层对齐，成一个平面，且不可错位，用带弹力的塑料条从下而上缠绕绑紧不留缝隙，防止透风及进水，导致接穗失水死亡，降低嫁接成活率。接穗动作要快，力求稳、准。接穗刀削面长度要大于砧木劈口长度 0.3 cm。在接穗的顶端抹上调和漆，避免水分流失过快。20 天左右接穗发芽，60 天左右嫁接口愈合后去掉塑料条。成活后在接穗上保留一个优质芽。

（四）李子树接后管理

保持土壤湿润，天气干旱及时浇水，增强砧木对接穗水分的供给能力。没成活的嫁接树要适时补接，生长季节加强除草、施肥、病虫害防治管理。

（五）李子树移植

种植后的第 3 年春季，将嫁接成活的李子树从育苗畦起出移植到果园里。将苗木放于挖好的树坑正中间，舒展根系，扶正，放入取自周围的表土并轻提苗，用土封坑、踏实，浇足水。实施追肥、除草、灭虫常规管理。

第二节　栽植建园

李树栽植最好选择土质肥沃、疏松，pH 为 6.0 ～ 6.5 的地块建园，栽植时按株行距（3 ～ 4）m ×（4 ～ 5）m（亩栽 33 ～ 56 株），最好是起垄栽植。整地时需施足基肥，以每亩有机肥 3 ～ 5 t 为宜。

一、园区选址

李子树势强健，适应性较强，具有一定抗寒、抗旱能力，对细菌性穿孔病等部分病虫害具有较强抗性。可选择无霜期 120 天以上、背风向阳、灌排水良好、土壤肥沃的平地或山地进行建园。

二、园区规划

为使园区管理和运输方便，根据地形地势，划分栽植园区，结合种植行向，修建田间作业道路沟通各个小区。作业路宽不低于 4 m，最好采用水泥浇筑硬化，便于机械化作业及运输。

三、整地施肥

选择园地海拔尽可能在 950 m 以下，阳光充足排水良好，土层深厚的沙质壤土地块。如果选择种植在水田里，在建园时需要用挖土机将其土地深翻，破坏犁底层和田埂；坡度大于 25° 的山地，先修筑成 3 ～ 4 m 的水平梯田后再深翻；坡度小于 25° 的山地，就可以直接进行翻耕。深翻的深度在 45 ～ 50 cm，整地时间争取在 12 月下旬以前完成。按照行距 3 m，南北行向，采用机械整地开沟，沟深和宽均为 80 cm，表土回填时每亩混入不少于 5 t 腐熟有机肥，然后灌水沉实。坡地沿等高线按平地方法进行整地。

四、水肥一体化设施

为保障苗木生长、节约水资源，在园区内安装水肥一体化滴灌设施，沿道路铺设主管道；以小区为灌溉单位，管道；每栽植行设 1 条 16 mm 毛细管道；毛细管道上每隔 2.5 m（株距）安装 4 L/h 滴头稳流器，确保每株树得到精准灌溉和施肥。采用测土配方施肥的方法，制定施肥配方，减少肥水浪费，提高肥水利用率，降低种植成本。

五、苗木选择

选择苗高在 1 m 以上，基径 1 cm 以上，品种明确、根系发达、枝条健壮、芽体饱满、无病虫害的 1 年生毛桃砧木嫁接李子优质壮苗进行建园。

六、苗木处理

苗木栽植前，须解开嫁接口上绑缚的塑料条，对过长及劈裂的根系进行修剪，让根系见到新茬。根系采用800倍甲基硫菌灵和200倍ABT生根保水剂进行蘸根挂浆后，准备进行栽植。

七、苗木栽植

于土壤解冻后，苗木发芽前进行栽植。栽植时，株行距为2.5 m×3 m。在定植点挖40 cm左右的栽植穴，将苗木放入栽植穴中，填埋至土壤与地面齐平，轻提苗木使苗木根系呈自然向下舒展，苗木根颈与地面相平，踩实后填一层土，使栽植穴与原土层相平或稍低2～3 cm，然后修出直径为40～60 cm的小树盘。

八、栽后管理

栽后立即浇透水，待水渗干后表面覆盖一层土。苗木栽植10天后，采用滴灌设施滴灌“定根水”，再次浇透树坑。随水滴灌ABT生根液，以促进移栽苗木生根，提高成活率。

（一）施肥管理

3～4月新梢生长，用稀薄尿素水浇灌2～3次，每20天左右一次；5～8月每月每株施尿素50 g加100 g硫酸钾复合肥，注意施肥时离树兜距离30～40 cm为宜。

（二）中耕除草

每年根据杂草的生长情况，及时进行中耕除草，一年3～4次，每次将铲除的杂草填埋入土中作肥。秋季中耕除草时，增施3～4 kg商品有机肥或者15～25 kg家肥。有条件的也可以种植黄豆、花生等矮秆作物，注意种植的作物离树兜40 cm外。

九、整形修剪

开心形为李树的丰产树形，结果早，通风透光效果良好。栽植后，在苗木的 60 ～ 70 cm 处定干，定干处下方应有 6 ～ 8 个饱满芽，定干后剪口涂抹伤口愈合剂，防止春季风大抽条。

发芽后选留上方生长健壮、方向较好的 3 ～ 5 个枝条作为骨干枝，其余萌条进行抹除。骨干枝长到 40 cm 左右时，留外芽或侧芽进行掐尖，培养主枝。

十、行间生草

幼龄李园可间作矮秆需水量少的农作物或中药材，避免种植高秆或需水量较大的作物。也可采用行间自然生草的管理模式，草长到 30 cm 以上时，利用割草机刈割，提高土壤有机质含量，保持土壤水分。

第三节　生产管理

一、土肥水管理

正常的土肥水管理可参照桃树进行，但李树，应重视施基肥和疏松土壤，使土壤有机质含量不断提高，否则园子管理就困难，就难以收到优质的李果。生产上每年秋冬季亩施土杂肥或圈肥、厩肥的量一定不能少于每亩 10 000 kg，每株约占 100 ～ 150 kg，甚至更多，土壤肥力好的园子或幼树每株也不能少于 50 kg。基肥中如果混有饼肥或鸡、猪粪肥等牲畜类肥料，施用量可适当减少一点，但所混牲畜粪一定要先充分腐熟，施用时要与土杂肥充分拌匀，切不可用饼肥或鸡粪肥等替代土杂肥。

李园在干旱时要注意抗旱，特别是中晚熟品种李园。尤其在果实膨大期，缺水对产量和树势影响极大。在山坡地建园可利用地势建一水塘或水沟，拦蓄雨水，以便干旱时使用。

二、整形、修剪技术

（一）整形

李树可选择自然圆头形和细长纺锤形树形进行整形。自然圆头形树形保留有中心干，基部选留3～5个主枝，无第二层主枝。主枝上依次配备侧枝，侧枝上着生结果枝或结果枝组及营养枝。整形过程中要多利用拉枝手段，使主枝开张，缓和树势，促进早果。细长纺锤形树形较适用于萌芽率高，但成枝率低，即树体枝干分枝少的品种，主枝间的垂直距离应保持在10～15 cm，但同一侧面的主枝垂直距离不能少于50 cm，下层主枝长1～2 m不等，上层主枝逐渐缩短，上部呈宝塔状，全树上下呈纺锤状。

（二）修剪

李树修剪要根据树龄、树势和品种习性来分类进行。一般幼树宜轻剪长放，除几个主枝延长头和侧枝延长头必须短截（留外向芽）之外，其余枝条一般长放不剪，以促其形成花芽。其中对成枝力强（发枝多）的品种，如安哥诺等，应多疏枝，即在第一年冬季整形时留足4～5主枝外，中心干上的多余枝条要去掉（疏除），以防止幼树主枝过多，扰乱树形，影响挂果。对成枝力弱（发枝少）的品种，在幼树整形时，第一年冬季可能会出现主枝数量少的问题，可适当对其进行短截，促发新梢后作主枝培养。经2～3年，树冠和主枝数量均培养到位后，可作长放处理，以促进枝条尽快转化成花、挂果。幼树整形和修剪过程中还应多采取绳拉、砖坠的办法，以开张主枝角度，且枝条易抱合生长的品种，开张角度，缓和枝势，促进成花，对提高早期产量十分有效。

进入盛果期的李树，要注重调节营养生长与生殖生长之间的关系，防止树体过早老化。要控制产量，适当重短截，以增加新梢生长量。保持树体活力，确保丰产稳产。

三、提高坐果率，促进优质丰产

李树花期易受阴雨、冷空气等不良气候的影响，往往易造成坐果率低的问题。为此，应注意从以下几个途径解决。

（一）正确配置授粉树

这是取得丰产的前提条件。建园时要根据品种之间的亲和力选择搭配。建园时没有配栽授粉树的李树园，可引入授粉品种枝条在树冠内进行高接换种（高位嫁接）。一般按1/3比例对植株高接，每株树嫁接 1 ～ 2 个枝条即可。

（二）花期喷硼和放蜂

在初花期对李树喷一次 0.3% 硼肥液，对提高坐果率有一定效果。如果花期园内很少有蜜蜂飞舞，最好到养蜂专业户处租借 1 ～ 2 箱蜂到果园，这样更能充分解决授粉的问题。

（三）花前灌溉

如春季干旱，应在开花前 2 周将李园浇水一次，使花开得齐、开得壮。

（四）花期避雨避寒

花期如遇阴雨，有条件者可在树冠上面搭一框架外盖薄膜，避免雨水冲刷花粉。雨停后如少有蜜蜂，可进行人工辅助授粉。可用鸡毛掸子从授粉品种树花朵上掸一掸，粘些花粉；再将已粘上花粉的毛掸子在被授粉品种上掸一掸，扫一扫，使花粉能传播到被授粉品种花的柱头上。人工辅助授粉一天可进行一次，每天最好在上午 9 时至下午 5 时进行，而且一定要在露水或雨水干后，才能进行人工授粉。

第四节　病虫害防治

一、李树主要病害

李树细菌性穿孔病应属重点病害。

（一）症状

李细菌性穿孔病侵染叶片，果实及枝条。

叶片发病初期，先产生多角形水渍状斑点，以后扩大为圆形或不规则形褐色病斑，边缘呈水渍状，后期水渍状边缘消失，病斑干枯，脱落或部分与病叶相连，形成 0.5 ～ 5 mm 的穿孔，病叶极易早期脱落。

果实发病，先在果皮上产生水渍状小点，扩展到 2 mm 时病斑中心变为褐色，最终可形成近圆形，暗紫色，边缘具水质状的晕圈，中间稍凹陷，表面硬化，粗糙的病斑，空气干燥时，病部常发生裂纹，直径可达 30 mm，病果易提早脱落。

枝条受害后有夏季溃疡和春季溃疡两种病斑，春季溃疡发生在一年抽生的枝条上，春季展叶时，先出现小肿瘤，后膨大破裂，皮层翘起，木质部裸露，病部的木质坏死，深达髓部，春季病斑纵裂后，病菌溢出，开始传播，夏季溃疡发生在当年抽生的嫩梢上，先产生水渍状小点，扩大后变成不规则褐色病斑，后期病斑膨大裂开，形成溃疡症状。

（二）病原菌

普罗特斯细菌门黄单胞杆菌属油菜黄单胞杆菌桃李致病变种 *Xanthomonas campestris* pv. pruni (Smith)Dye]。

（三）发生规律

病菌在枝条病组织越冬，第二年春随气温升高，潜伏在病组织内的细菌开始活动，当病部表皮破裂后，病菌从病组织中溢出，借风雨或昆虫传播，经叶片的气孔，枝条及果实的皮入侵，叶片一般于 5 月发病，夏季干旱时，病势进展缓慢，至秋季雨季又发生后期侵染，李细菌性穿孔病的发生发展，受温度，湿度，树势，品种的影响很大。

（四）防治方法

（1）增施有机肥，尤其是土杂肥，改良土壤，增强树体抗病能力。

（2）生病时先用农用链霉素（使用倍数见说明书）喷雾。发生流胶时可用石硫合剂残渣或用石硫合剂原药兑水 2 ～ 3 倍后用硬毛刷蘸药水涂刷伤口。如在石硫合剂中加入少量生石灰形成石灰浆，则涂刷效果更好。

二、李树主要虫害

李树的虫害主要有蚜虫、桃蛀螟、桑白蚧、红蜘蛛、桃小食心虫等，生产上主要应搞好常规防治，如通过冬季清园，剪除、搜集病虫枯死枝，并集中烧毁。蚜虫发生时可用吡虫啉(即一遍净，蚜虫灵）进行防治。

第四章　桃树栽培管理技术

桃树（*Amygdalus persica* L.）在我国分布极广，品种很多。桃树是浅根系果树，根系扩展度可大于树冠枝展度 0.6 ～ 1 倍，根系深度只有树高的 1/5 ～ 1/3，吸收根一般在 40 cm 土层以内，10 ～ 30 cm 为生长旺盛区，桃树根系对土壤中空气的含量要求较高，一般在土壤中空气含量大于 5% 时，根系开始生长，大于 10% 时，生长正常，小于 2% 时，根系显著变细并开始出现枯死根，因此，栽植桃树的土壤要求有较好的透气性。最好是起垄栽植。整地时需施足基肥，以每亩有机肥 3 ～ 5 t 加过磷酸钙 100 kg。

第一节　品种选择及育苗要求

一、品种选择

对于桃品种的选择，需把握以下几项原则：一是因地制宜选择当地适宜种植的品种；二是考察市场需求，选择市场空缺时成熟的品种；三是对于新品种的选择，先试种，再推广，不可盲目大面积种植；四是根据产销距离的远近选择不同硬度的桃品种种植；五是选择质量优、特性强的品种种植。

二、育苗要求

桃树育苗主要采用嫁接繁殖方式。

（一）种子处理

选用生长较迅速的山桃或毛桃做砧木种子。沙藏：一般于 11 月下旬、选干燥处，挖深 0.7 m、宽 0.6 m，长度视种子多少而定的沙藏沟，先在底部铺 10 cm 厚湿沙，其上放 10 ～ 15 cm 的混沙种子，埋盖上 10 cm 左右的湿沙，再放上 10 ～ 15 cm 的混沙种子，再盖上 10 cm 左右的湿沙，上面盖上土，使种子处在冻层以下即可。温度保持在 0 ～ 7℃。种子少时，也可混入湿沙放入地窖内沙藏，种子沙藏 100 ～ 110 天。3 月初将沙藏的种子用新高脂膜拌种，置于温暖处（20 ～ 25℃）并保持湿度进行催芽，待种子露白时即可播种。

（二）播种覆膜

3 月中旬播种，播种期早于普通裸地育苗 15 天左右。采用高低垄条播方式，修成高 10 cm、宽 60 cm 的高垄，垄间距 20 cm。在距垄中心线两侧各 15 cm 顺垄向开沟，开沟深 6 ～ 10 cm，覆土厚度 3 ～ 4 cm，每亩播种量 35 kg 左右。播前要整好地，施足底肥，浇水补墒。播后要喷施新高脂膜稀释液可防止病害入侵、保墒、提高地温，确保 4 月上旬出苗，出苗后按株距 15 cm 间苗定苗。春季苗木出土后，要及时灌水、除草、防治虫害。4 ～ 6 月每月灌水 2 次。5 ～ 6 月每月追施尿素 1 次，每次每亩 15 kg 左右。要加强各项管理，使砧木苗在 6 月底以前达到嫁接粗度。

（三）嫁接

桃苗的嫁接通常以芽接为主，枝接为辅。芽接时期一般以形成层细胞分裂旺盛时为宜，此时皮层容易剥离，芽接也易愈合。一般在 6 ～ 9 月进行芽接。常用的芽接方法为“丁”字形芽接，当砧木和接穗不易离皮时，也可采用嵌芽接。枝接方法通常采用劈接法和切接法。

1. 嫁接方法

苗高 40 cm 左右时喷施壮茎灵，可使苗木杆茎粗壮、植株茂盛，同时可提升抗灾害能力，促进苗木粗生长。当苗木地径达 0.5 ～ 0.6 cm 时进行“丁”字形芽接，并在接口涂抹护树将军母液保护伤口，于 8 月中下旬以前完成，但须注意接穗质量，应选用生长充实枝条的成熟芽作接穗。

2. 剪砧

嫁接后 2 ～ 3 周解绑并在接芽以上 1 cm 处将砧木折伤后压平，向上生长的副梢剪除，主梢摘心。这种措施可使接芽处于优势部位，迫使接芽萌发。折砧后接芽及砧木上原有芽均可萌发，要将砧木上萌发芽及时抹除，促使接芽迅速萌发生长。当接芽长到 15 ～ 20 cm 时剪砧。

（四）加强管理

接芽萌发后，要及时中耕除草、追肥灌水，使苗圃地无杂草为害，接芽成活后每隔 10 ～ 15 天追施 1 次尿素，每次每亩 10 kg 左右，并且结合施肥灌水。为使苗木成熟度提高，每隔 15 天左右结合防治虫害喷施 0.3% 的磷酸二氢钾。当年秋季一般嫁接苗木高度在 70 ～ 80 cm，达到桃树定干高度。10 月底将苗木挖出，除净叶片后沙藏假植。

第二节 栽植建园

一、苗木栽植

（一）选地

桃树生长适宜土壤理化性质为中性，pH 要求 6.2 ～ 8.2，但以含钙的微碱土为最佳。选址宜在背风向阳的阳坡或半阳坡，要求土层深厚、排水良好、有机质含量高；避开过于黏重的黏土、过于离散的沙土以及石头过多过大的地块。

（二）选择良种壮苗

首选本地的优良桃品种，科学选用外地优良品种或适应性、丰产性均较强的品种。树苗选择标准为主根长度 20 cm 以上、侧根 15 条以上、苗高 40 cm 以上、基茎 1 cm 以上，要求无病虫害，无机械损伤。

（三）合理密植

早实桃密度一般为株距 2 ～ 3 m、行距 3 ～ 4 m，前期可合理间作经济作物。生产中，还要把握因地制宜原则，即：地势平缓、土层深厚、肥水条件好的宜适度稀植；坡度较大、土地贫瘠、肥水条件较差的宜适度密植。

（四）苗木处理

修根：将主根下部剪平，保留 15 ～ 20 cm，剪掉劈裂和损伤部分，利于伤口愈合和根系生长。

浸水：将修根后的苗木基部浸入清水中，让其充分吸水，利于快速缓苗。

消毒：将浸过水的苗放入300倍石硫合剂或100倍果树康水溶液中浸泡1～2 min，进行消毒灭菌。

蘸生根粉：按说明浓度，将生根粉溶解清水中，浸泡5～10 min，然后定植，促进新根形成，提高成活率。

（五）适时种植

桃苗落叶休眠后至萌芽前（12月至次年3月中旬）及时抢栽。冬栽在寒冷地区易受冻害，要注意防寒；春栽要注意土壤墒情，及时抢栽，否则影响成活率。

在土壤疏松，土层深厚，含石量少的地方，挖大坑种植，坑长宽各80 cm，深60 cm；土壤板结、耕作层浅、含石量较高的地方，坑长宽各100 cm，深100 cm。挖坑时表土与底土分开堆放，熟土与有机肥混合回填，生土盖在表面。按照“回填—拌匀—扶正—盖土—轻提—踏实—做盘”的14字要诀和传统的“三蕹两踩一提苗”要领进行。

将有机肥和表土拌匀回填至离地面15 cm左右，盖土3～5 cm，防止根直接接触肥料，后进行定植。栽后将生土覆于上面，做一个60～80 cm见方的盘并覆膜，目的是保水、补水，定植后嫁接口必须露在地表，并高于原地面3 cm左右。

（六）施基肥浇定根水

每株施腐熟的有机肥20～30 kg或商品复合有机肥5～7 kg和过磷酸钙0.7～1 kg，与表土拌匀回填。定根水是成活的关键，特别是干旱少雨地方和季节，但若土壤墒情好，也可不浇定根水。

（七）合理安排授粉品种

一般有2～3个主栽品种，或按照不低于8 ：1的比例栽植一定的优良授粉品种，促进授粉，提高坐果率。

二、桃树栽后管理

（一）耕翻土地

桃园忌荒芜，荒芜会使病虫害大量发生，影响桃长势。要及时耕翻土地，清除杂草，提高土壤通透性，消灭部分病虫害。

（二）合理定干

挂果前保留适宜株高后，剪除桃苗主干上部，并在剪口处运用封膜、封蜡、涂油漆等技术处理。早实密植果园桃一般在离地60～80 cm处定干，留3～4个饱满芽，在芽上面3 cm处剪切。晚实桃一般在1～1.5 m定干。

（三）及时除芽

保留不同方向、合理间距的3～4个芽，第一个芽距定干顶部3 cm为宜，除去多余的芽及砧芽。

（四）合理施肥

1～3年的幼树以氮肥为主，按照氮、磷、钾每株45 g、10 g、10 g（有效成分）的年用量，分两次环状沟施。第一次在3～4月，第二次在6～7月。也可以按照尿素0.3%～0.5%、磷酸二氢钾0.3%～0.5%的浓度进行叶面喷施。冬季休眠后施一次有机肥。挂果初期桃树按氮、磷、钾每株分别年施50 g、20 g、20 g（有效成分），并增施有机肥。

（五）整形修枝

以冬季修剪为好，春剪、秋剪次之。从幼苗定植当年开始，年复一年，坚持不断，培养良好树冠。分为“开心形”和“疏散分层形”。

下面以“开心型”树冠修剪法为例，步骤如下：

第一步：定干

第二步：结果主枝培养，在第一年进行。在定干幼树上剪除中心果枝，按照不同方位选留2～4个枝条，作为第一层果枝。各个主枝基部垂直距离20～40 cm，长势基本一致，各个主枝开张角度40°～60°。主枝可根据情况分一次或两次选留。

第三步：一级侧枝培育，在第二年进行。主枝选定后，在每个主枝上选留三个左右一级侧枝，上下左右错开，分布均匀。第一个侧枝距主干距离：早实桃 60 cm 左右，晚实桃 80 ～ 100 cm；第二侧枝距第一侧枝距离：早实桃 40 ～ 60 cm，晚实桃 60 ～ 80 cm；第二侧枝距第三侧枝距离：早实桃 60 ～ 80 cm，晚实桃 80 ～ 100 cm。

修剪实践中，果枝数量及间距，根据树势强弱、土地肥力状况，因地制宜，原则上把握“因枝修剪，随树作型”。

第四步：二级侧枝培育，在第三年进行。一级侧枝确定后，在较大的“开心型”树体上可以选留二级侧枝。二级侧枝“看树定枝”，留两个左右，在其上再培养结果短枝。

通过三年修剪，“开心型”树冠基本形成，主要注意调节各主枝间的平衡，采用“疏枝”手段，确保内膛通风透光，促进短果枝形成。

第三节　生产管理

主要包括水肥管理、整形修剪、花果管埋三个方面。

一、水肥管理

（一）秋季深翻施基肥

最好在 9 ～ 10 月完成，一般采用行间开沟深翻的方法。沟内压草，并施入有机肥，同时混入复合肥。桃树基肥以农家肥为主，每株成龄桃树施农家肥 30 ～ 50 kg，施肥后最好结合灌水，施肥时间以深秋或初冬为好，如早春施基肥应尽量提早。土壤温度稳定在 4 ～ 5℃时，桃树根系即开始活动，土温上升，根系活动加快，如果挖施肥穴时不注意保护根系，大量伤根会影响根系的吸收能力。一般一株桃树施氮肥 0.23 ～ 0.45 kg，相当于尿素 0.5 ～ 1 kg，幼树施用量宜减少，然后每年递增 0.056 kg，相当于尿素 0.12 kg，直至增加到施氮肥量为 0.45 kg 以后不再增加。用全生育期的氮肥用量的 1/2 与农家肥混合后做基肥，另 1/2

做追肥。磷、钾化肥均与农家肥混合后做基肥。磷、钾化肥的用量以氮肥为基础，按氮、磷、钾养分比 1 ∶ 0.6 ∶ 1 的比例计算可得出，即每株施磷 0.14 ～ 0.27 kg，相当于 16% 的过磷酸钙 0.9 ～ 1.7 kg，每株施钾 0.23 ～ 0.45 kg，相当于硫酸钾 0.46 ～ 0.9 kg。如果不用单元素化肥用复混肥（必须是三元复混肥），则将用量的 1/3 做基肥，另 2/3 做追肥。

（二）追肥

花前追肥量占全年的 40%；花后追肥量占全年的 20%；果实膨大期追肥占全年的 20%；此外，采果后追肥占全年的 20%。前期追肥以氮肥为主，中后期以磷、钾肥为主，按 2 ∶ 1 ∶ 1 的比例追施氮、磷、钾肥或果树专用肥，并结合追肥及时浇水以尽快发挥肥效。花前和生理性落果后各施一次，每次施肥量各占氮肥总量的 1/4，即每株施氮 0.058 ～ 0.112 kg，相当于尿素 0.13 ～ 0.25 kg。用复混肥也应在花前和生理落果后各施一次，每次施肥量为总用量的 1/3。根外追肥是土壤施肥的必要补充，由于桃树对微量元素比较敏感，容易出现暂时的相对缺乏，因此，就更显出根外追肥的重要。据资料报道，在初花期喷施 0.2% 硼酸水溶液，可使坐果率达到 88.73%，8 月下旬至 9 月初喷施 0.4% 磷酸二氢钾一次，枝冻害指数比喷清水的对照减少 12.9%。在果实膨大期施 0.2% ～ 0.3% 硝酸钙，可以提高果实的硬度，减少果实及果实皮缝合线软化果的数量，提高果实等级。

（三）叶面肥

萌芽前喷 30 ～ 50 倍尿素液，花前喷 2 次 250 倍硼砂和 300 倍尿素液，幼果期喷 2 ～ 3 次氨基酸钙 300 倍液或其他微量元素肥料。另外，结合每次喷药，叶面喷施尿素、磷酸二氢钾等叶面肥。一般 6 月以前以尿素为主，6 月以后以磷、钾肥为主。

（四）合理排灌

由于桃树不耐湿，根据本地区的气候情况，雨季做好桃园的排水工作。

二、整形修剪

（一）整形

常用的是自然开心形、主干形等。桃树整形的关键是定干后主枝、副主枝的培养和配置。以自然开心形而言，桃树定干高 70 cm，第一年从顶端每隔 10 ～ 15 cm，选留生长强健、长势相仿、并向四周分布均匀的梢作为主枝培养，其余用摘心或扭梢的方法进行控制。

（二）冬季修剪

应按桃树的特性进行，如生长结果特性、树势以及不同树龄等，以利于改善树体通风透光条件，调节结果与生长的关系，促进幼树迅速扩大树冠，早结果，早丰产，对衰老树主要是更新复壮，延长经济寿命。主枝修剪：幼树修剪长度以 60 cm 为宜，到了盛果期以 30 cm 为好，要注意剪口芽留外芽。

副主枝的修剪：副主枝要基本拉平，轻剪长放。幼龄或生长旺的桃树一年可放 1 m 以上，以后随树势转弱，修剪长度相应缩短。

结果枝修剪：结果枝修剪的长度和密度以品种特性、着果好坏、枝条粗细及果枝着生部位的不同有差异。幼树期（4 ～ 5 年生以前）采用轻剪长放，对副主枝、强枝要进行拉枝。结果枝不“打头”，尽量利用徒长枝改造成大型结果枝组，填空补缺。盛果期（6 ～ 15 年）要注意调节结果与生长的矛盾及改善树冠内部的光照条件，修剪量应随结果量的增加而逐年加大，骨干枝和枝组要及时回缩更新，多留更新枝，防止结果部位上移。

（三）夏季修剪

夏季修剪的目的是调节生长势，节省养分，改善光照，充实下部，促进结果，加速树冠形成，一般采用以下方法。

扭梢：扭梢时期在新梢抽生 33 cm 左右、还未木质化时进行。目的是使徒长枝变为结果枝，同时改善光照条件。扭梢部位在新梢中部留长 17 cm 处。扭梢程度以扭到新梢上部下垂为好，有时还需对生长旺的新梢进行反复扭梢。摘心与扭梢结合主要是针对一些修剪后过强的徒长枝。

剪梢：一般在6月底和9月初分两次进行。剪梢对象是树冠外围、内部密生的徒长梢，将不要的留基部3～4芽剪去。

拉枝：拉枝可使树冠开张，提早结果，主要在5～7月进行。拉枝主要对象是副主枝与大枝组的徒长枝，将它拉成80°左右，切不可拉成水平或下垂。

三、花果管理

保花保果要根据桃树的生长特点，首先要做到基肥秋施，同时对花粉发育不良的品种配置授粉树，并在果园放蜂或人工授粉，其次还要合理施肥，增加钾肥的用量，并且防止果园积水，加强病虫害防治工作。

疏果工作一般在二次落果之后，着果基本稳定时进行。长果枝留3个果，中果枝留2个果，短果枝留1个果，光照条件好的长果枝可留4个果，树冠内膛的长果枝宜留2个果。此外，疏果时应从树冠内膛或上部开始，从上到下，由内到外。应留大去小，留稀去密，留单生，疏并生果，疏除畸形果、黄萎果、朝天果、小果和病虫果。套袋可大大提高桃的商品价值，对中晚熟品种尤其必要。

套袋一般在5月下旬至6月初进行，套袋前全园喷一次杀虫剂和杀菌剂。

第四节　病虫害防治

一、桃树主要病害

桃树主要病害有缩叶病、疮痂病、细菌性穿孔病，流胶病等。

（一）真菌病害

1. 缩叶病

（1）症状

桃缩叶病主要危害叶片、嫩枝及幼果。病叶肥厚，皱缩变形，质地发脆，红褐色，病叶生一层灰白色粉状霉。枝梢黄绿色，肥肿，节间短，扭曲，叶簇生。

（2）病原菌

畸形外囊菌（*Taphrina deformans*）。

（3）发病规律

以子囊孢子在桃芽鳞片和树皮上越夏，以厚壁芽孢子越冬。从表皮或气孔侵入嫩叶。冷凉潮湿天气病害易流行。

（4）防治措施

①在春季桃芽膨大而未绽芽时，喷洒5°Bé石硫合剂或1∶1∶100式波尔多液。②发现病叶后，在形成子囊层前，及时摘除烧毁。

2. 疮痂病

（1）症状

桃疮痂病别名黑点病、黑痣病。主要为害果实，亦能为害枝梢和叶片。果实初病时，果面出现暗绿色圆形小斑点，其后逐渐扩大。

（2）病原菌

半知菌类枝孢霉属嗜果枝孢菌（*Cladosporium carpophilum* Thüm.）。

（3）发病规律

该病的发生流行与气候、品种和果园环境有关。春季、夏初的雨湿程度是该病大发生的主要因素。一般早熟品种比中、晚熟品种发病轻。果园低湿，排水不良，栽植过密，通透性差，修剪粗糙等均会加重病害。

（4）防治措施

①萌发前喷5°Bé石硫合剂，铲除或减少枝梢上的越冬菌源，落花后半月到6月份，每隔半月喷洒0.2～0.4°Bé石硫合剂，0.5∶1∶100硫酸锌石灰液。

②冬季结合修剪，去除病枝，或消灭减少越冬病源。

3. 流胶病

（1）症状

桃树流胶病包括非侵染性和侵染性两种。前者在桃树栽培地区均有不同程度的发生，非侵染性是一种生理性病害，可严重削弱树势并降低产量；后者为真菌性侵染所致。该病是由病菌侵染或不良生理因素引起的一种病害，主要为害桃树主干和主枝丫枝处，一般枝干基部发病程度重于枝条，且小枝条、果实也可发病。其中，主干和主枝在桃树流胶病发病初期表现为病部稍有肿胀，并在早春树液开始流动时，从病部流出半透明黄色树胶，且以雨后流胶更为严重，而流出的树胶与空气接触后变为红褐色，呈胶冻状。

（2）病原菌

葡萄座腔菌属真菌 [*Botryosphaeria ribis* (Tode) Gross. & Dugger]。

（3）发病规律

春季随着温度上升和雨季来临，病情日趋严重，特别在降雨期间病部渗出大量胶液，直到入冬以后病势发展趋于缓慢，逐渐减轻。冻害与次春病害发生有关。一年中有两个发病高峰，分别出现在 5 月下旬至 6 月上旬和 8 月上旬至 9 月上旬。

树龄大，树势弱的比生长旺盛的幼龄树感病重；土壤黏重，肥力不足或过度地较沙壤土和砾壤土感病重；果园管理粗放，负载量过大，修剪过度以及吉丁虫、天牛、椿象等和腐烂病菌为害均可使病情加重。

（4）防治措施

增施有机肥，促使土壤疏松肥沃，减少积水，创伤，虫伤，用杀菌剂加营养剂涂抹保护伤口，减少病菌侵染，平衡营养，合理负载，减少病虫危害。

（二）细菌病害

1. 细菌性穿孔病

（1）症状

主要危害叶片，也能侵害果实和枝梢。叶片发病，初为水渍状小点，扩大后呈紫褐色至黑褐色圆形或不规则形病斑，大小约 2 mm。病斑周围呈水渍状并有黄绿色晕环，以后病斑干枯，病变组织交界处发生一圈裂纹，脱落后形成穿孔，或一部分与叶片相连。病斑多沿叶脉或叶缘发生，有时数斑融合形成大斑。病叶多早期脱落。

（2）病原菌

普罗特斯细菌门黄单胞杆菌属油菜黄单胞杆菌桃李致病变种[*Xanthomonas campestris* pv. pruni (Smith)Dye]。

（3）发病规律

病原细菌在枝条染病组织内越冬（主要是在溃疡病斑内），第二年春随气温上升细菌开始活动。桃树开花前后，病菌从染病组织中溢出，借风雨或昆虫传播，经叶片的气孔、枝条及果实的皮孔侵入。叶片一般于4～5月发病，6～8月病害盛发。夏季如遇高温干旱时病势进展缓慢，有些溃疡斑中的病菌甚至因干燥死亡，至秋雨季节才又发生后期侵染。气温19～28℃，相对湿度70%～90%时有利于该病发生。

（4）防治措施

①加强桃园管理，增强树势，注意排水，增施有机肥，避免偏施氮肥，增施磷、钾肥，改善桃园的通风透光条件，合理修剪，剪除病枝、清除落叶、枯枝、僵果和地面落果，集中烧毁或深埋。

②桃树萌芽前喷施一次5°Bé石硫合剂或45%石硫合剂晶体30倍液或1∶1∶100倍的波尔多液。落花后10天开始喷施“乙蒜素”1 500～2 000倍液或72%农用链霉素可溶性粉剂3 000倍加大生M-45可湿粉600～800倍液，隔10天一次与12.5%晴菌唑1 500倍液或70%甲基托布津600倍液交替使用，喷施2～3次。也可根据病害发生情况在发病初期及时喷药，控制病情，减少危害。

二、桃树主要虫害

（一）桃蚜

春、夏、秋季均可发生，尤为春末夏初发生最为严重，当达到防治标准时，可选用氟啶虫酰胺吡蚜酮、吡虫啉或啶虫脒及时防治。

（二）红蜘蛛

在干旱高温的季节发生较为严重，且发展蔓延快，危害严重，防治难度大，可选用阿维菌素加高渗哒螨灵及时防治，也可用甲氰菊酯、丁硫克百威防治，并可杀灭多种害虫。

（三）桃小食心虫

是钻蛀性害虫。蛀入果内危害，可在5月上旬药剂处理树盘，每亩用50%辛硫磷或48%乐斯苯500 g加1倍水，拌成25 kg的毒土，撒入树盘，浅锄后耙平，封闭土壤，也可亩施碳酸氢铵50～75 kg，边撒施，边翻土拌匀后拍实，利用碳铵的熏蒸和腐蚀作用，杀死土壤中的大部分害虫、病菌和草籽。根据虫害发生情况，成虫产卵期喷药，用甲氰菊酯1 800～2 000倍加灭幼脲1 000倍或阿维菌素4 000倍适时防治。

（四）桑白蚧

成虫和若虫群集固着于枝干吸食汁液。5月初开始孵化，第二代雌成虫发生于9月间，交配受精后，在枝干上越冬。

防治措施：

1. 休眠期防治：桃树发芽前喷施一次3～5°Bé石硫合剂或45%石硫合剂晶体30～50倍液或5%柴油乳剂，消灭枝干上越冬雌虫。

2. 生长期药剂防治：在若虫孵化后未形成介壳前及时喷药，是药剂防治的关键，但这个时期仅短短的几天，一定要抓住，否则，一旦蜕变形成介壳后，因有蜡质保护药剂很难奏效。目前，防治桑白蚧的有效药物有噻嗪酮、噻虫嗪、啶虫脒、毒死蜱、藜芦碱、参碱防等。初春时可用50%杀螟硫磷乳油1 500倍溶液，花期可用25%吡虫啉粉剂5 000倍溶液，冬季用23%松脂酸铜加40%毒死蜱防治。

（五）桃蛀螟

主要采取消灭越冬虫源和及时套袋的方法防治，不套袋的实行药剂防治。在桃果长到拇指大小、第二次自然落果后进行套袋，防止螟蛾在果面上产卵。在桃蛀螟成虫产卵盛期至幼虫孵化初期施药为防治适期，每隔 7 ～ 10 天喷 1 次，连喷 2 ～ 3 次。药剂可选用 25% 灭幼脲 1 500 ～ 2 500 倍液，或 50% 辛硫磷乳油 1 000 倍液、或 20% 速灭杀丁乳油 2 000 ～ 3 000 倍液。

（六）红颈天牛

成虫发生时期一般在 6 月，可用频振式杀虫灯或太阳能杀虫灯等。也可组织人力于午间在主干与主枝交叉处捕捉成虫；经常检查树干，发现虫粪，即挖除树皮内幼虫；老龄幼虫，可用棉絮浸吸敌敌畏原液，塞到排粪孔内，并用泥土封闭孔口熏杀，效果良好。树干喷药防治，时间掌握在成虫羽化期及交配产卵后，重点打近地面 35 cm 左右处的树皮，药剂可选择吡虫啉、氯氰菊酯、高氯 · 噻虫嗪等。

第五章　杏树栽培管理技术

杏（*Armeniaca vulgaris* Lam），叶互生，阔卵形或圆卵形，边缘有钝锯齿；近叶柄顶端有二腺体；淡红色花单生或 2 ～ 3 个同生，白色或微红色。圆、长圆或扁圆形核果，果皮多为白色、黄色至黄红色，向阳部常具红晕和斑点；暗黄色果肉，味甜多汁；核面平滑没有斑孔，核缘厚而有沟纹。种仁多苦味或甜味。花期 3 ～ 4 月，果期 6 ～ 7 月。少数地区亦为野生，在新疆伊犁一带野生成纯林或与新疆野苹果林混生，海拔可达 3 000 m。世界各地也均有栽培。杏是重要的常见经济果树之一，营养极为丰富，内含较多的糖、蛋白质以及钙、磷等矿物质，另含维生素 A、维生素 C 和 B 族维生素等。杏木质地坚硬，是做家具的好材料；杏树枝条可作燃料；杏叶可做饲料。以种子繁育为主，播种时种子需湿沙层积催芽；也可用实生苗作砧木嫁接繁育。

第一节　品种选择及育苗要求

一、品种选择

品种选择要在全面了解其经济性状的前提下，注重综合性状表现，不要追求完美无缺。科学选择品种应全面分析果实经济性状、成熟期、早实性、丰产稳定性、抗逆性、产地适应性等性状进行综合考虑。

二、育苗要求

（一）砧木繁育

杏树进行苗木繁育的砧木可以用共砧或者是异砧。共砧有普通杏与山杏；异砧有山桃与山李等，但主要以山杏为主。砧木繁育以种子种植为主，可分为秋播和春播两种。

1. 秋播

秋播应该在土壤封冻之前进行。首先要对苗圃地施足有机肥，进行精细整地。接着用50℃的温水浸泡种子一昼夜（也可不对种子进行处理），直接进行开沟播种。共砧每亩用种量50～70 kg，异砧每亩40～50 kg。

2. 春播

因为砧木种子的外壳木质比较坚硬，不容易破裂，需要在处理后进行播种。

（1）沙藏

在入冬之前要对种子进行沙藏处理。要选择背阴高燥的地方，挖深度60 cm、宽1 m、长由种子的量决定的坑，坑底要先铺上一层15 cm的湿沙，再把一份种子与2到3份的湿沙混合均匀后，放入坑内进行沙藏。在坑的上部覆盖20 cm厚的湿沙，再覆上土，土应高于地面呈现馒头状，厚度为10到20 cm。山杏种子的壳比较厚，沙藏时间一般为三个月以上。沙藏的时间越早，次年自然破壳的种子越多。

（2）浸种

春播的时候，可以把贮藏的种子在浸泡之后，装入塑料袋直接放在太阳下曝晒，每隔2～3天洒水搅动一次，15天（种核开裂）之后再进行播种。

（3）人工破壳

若是种量比较少，可以在春播之前人工破壳再用温水浸泡催芽之后进行播种。

3. 播种

把经过以上方法处理后的种子，三月下旬至四月上旬取出来播种，播之前对苗圃地进行一次灌水，等到水分渗透之后施足底肥，再整地开沟进行条播。

4. 砧木苗的管理

当幼苗出齐长到2～3片真叶时，进行第一次间苗，当长到20 cm、5～6片真叶时进行定苗，去弱留强，苗距约10～15 cm。

苗期应加强肥水管理，苗地 10 天左右浇一次水，但切勿漫灌，避免发生积水，每次灌水 3 ～ 5 天后要及时中耕除草，要注意浅耕，防止损伤根系，勤浅锄能起到保墒和提高地温的作用。第一次追肥在定苗后进行，以后每月追肥一次，每次每亩施入尿素 10 ～ 15 kg，或视原来土地肥力状况而定。砧木苗长到 35 cm 时进行摘心。

（二）嫁接

杏嫁接的方法分为休眠芽接与枝接，6 ～ 9 月均可进行。当苗木长到 60 ～ 70 cm 高、粗度 1 cm 时就可进行嫁接。通常春季使用切接法，夏季使用芽接法。

1. 切接法

切接是用植株的枝条作为接穗的嫁接方法，一般在春天树液开始流动、接穗皮层还没有剥离的时候或者是在砧木的皮层剥离但是接穗还没有萌动的时候进行（3 月上旬到 4 月中旬）。

（1）接穗准备

以品种优良纯正、生长健壮、丰产稳产、无病虫害、芽眼饱满、节间长度适中且充分木质化的枝条作为接穗。

（2）接穗削取

截取 5 ～ 8 cm 作为接穗，顶端保留 2 ～ 3 个健壮芽，将穗条削成 1.5 ～ 2.5 cm 长斜面，另一面削去 0.5 cm，呈扁楔形。

（3）砧木处理

在距离地面 4 cm（嫁接成活之后是 6 cm）的地方把砧木剪断，选皮厚、光滑、纹理通顺的一侧，用刀在断面皮层之内略微带木质部处垂直切下，深度略微短于接穗的长斜面，宽度和接穗的直径相等。

（4）接合

把接穗的大削面向里，插入砧木切口，要注意务必使接穗与砧木形成层对准、靠齐。

（5）绑缚

用塑料布条将接穗缠住（ 仅露接芽在外），外涂封蜡，由下而上覆上湿润松土，高出接穗 3 ～ 4 cm，切勿镇压。

2. “T” 形芽接法

“T” 形芽接法就是利用一个栽培品种的侧芽作接穗，嫁接到砧木上的一种嫁接方法，其特点是嫁接速度快、节省接穗材料、方法简单、容易掌握，一般在树皮薄而宜与木质部分离时进行。

（1）接穗准备

此时的接穗准备同切接法。

（2）砧木处理

在砧木距离地面 5 ～ 6 cm 的地方，选出一光滑没有分枝的地方横切一刀，深度以切断砧木的皮层深达木质部适合；再在横切口的中间纵切一刀深达木质部，长度 1 ～ 1.5 cm，形成一个“T”字形的切口。

（3）接穗的削取

在接芽的上方 0.5 cm 处横切一刀，深达木质部，在芽下 1.5 cm 处向上斜削一刀（刀要切入木质部并且应该削到芽子上面的横切口的地方），然后再用手抠取出长 2 cm 的盾形芽片。

（4）接合

用刀尖拨开“T” 形的切口，左手拿着盾形芽片的叶柄，顺势插入到“T”形的切口内，让芽片的横切口和砧木的横切口对齐，使两者的形成层紧密接合。

（5）绑缚

用塑料条把它牢固绑扎，但要注意叶柄外露。

（三）嫁接之后管理

1. 及时检查与去除塑料条

接后十到十五天检查成活的情况，若是没有成活，要及时补接。

2. 嫁接成活之后去除萌蘖

在嫁接成活之后，剪掉接芽上方的叶子，去掉侧芽，接芽以下的二次枝剪除。翌年春天在芽萌动之前七天左右进行剪砧，剪口距接芽 1 cm 左右，剪砧之后要把接芽以外的萌蘖全部去除。

3. 土、肥、水管理

加强水肥管理，8 月下旬后不再追肥，适量控水，蹲苗。病虫害防治也应十分注意，防止蔓延。入冬后应防治鼠兔的啃食。

4. 苗木出圃

杏树嫁接苗的主（侧）根达到三条以上，苗木的高度达到 70 cm，接口以上 10 cm 的粗度达到 0.7 cm，每个主枝有壮芽 5 个以上时就可以出圃了。起苗之前 3 ～ 4 天浇足底水，起苗的时候要尽量少伤根，严防碰伤。运苗的时候要用草袋、尼龙袋等包扎好，远距离运输要用泥浆进行蘸根，运输的途中还应该洒水，目的是防止失水影响苗木的成活率。

第二节　栽植建园

一般选土层深厚、排水良好的沙质壤土。株行距为 3 m，株距为 2.5 m，南北行向。以起垄栽植为佳，整地时需施足基肥，每亩施用有机肥 3 ～ 5 t，在 50 ～ 60 cm 高处定干，剪口下留 4 ～ 6 个饱满芽。栽植建园在每年的 11 月、第二年的 2 月进行。

一、建园要点

杏树春季萌芽开花比桃、李等均早，故易遭受晚霜危害。为了防止花期霜害，所以应选择背风向阳（或半阳坡）的斜坡上部建园，同时注意选择抗冻且开花晚的品种，此外，还要注意授粉品种的选择，以提高产量和品质。

杏树栽植的时期，暖地宜秋栽，寒冷地宜春栽。栽植密度依地势、土壤、品种及管理条件而不同。平坦的肥沃地，株行距以 2 m × 4 m 或 2.5 m × 4 m 为宜。

二、栽树前的准备

（一）苗木准备

栽植前要按计划、准备足够数量的健壮植株，芽眼饱满、无病虫害。对有碰伤或折断的根系应进行修根，用水浸泡一昼夜后，方可栽植。

（二）土地准备

用作建园的土地，必须进行深翻，深度为 20 ～ 30 cm，然后整平、耙细。

（三）测点挖坑

根据品种、地势、栽植技术以及目的确立合理的株行距，一般杏树株行距为 2 m × 4 m，根据确定的株行距，进行测点挖坑，坑的大小以长 × 宽 × 深＝ 80 cm × 80 cm × 80 cm 为宜，挖出的表土、心土各放一侧，不可混在一起。

三、栽植方法及灌水覆膜

（一）栽植密度

杏树的种植密度与地力以及未来采用的树形有很大的关系，需要提前做好规划，一般主干形（1.5 ～ 2）m ×（3 ～ 4）m，开心形（2 ～ 2.5） m × 4 m。

（二）栽植方法

在栽前每个坑生施 10 ～ 15 kg 农家肥、250 ～ 500 g 磷肥，充分混拌均匀后，放入坑里成馒头形，距坑口 10 ～ 20 cm。栽植时将苗木接口向着迎风面垂直放入坑的中央，根系向四周舒展开，接口留在地表面，填几锹土后，将苗木轻轻向上提一下，以便使根系舒展与土壤紧密结合。然后继续填土踏实，直至与地表平为宜。注意栽时不宜过深或过浅，以接口稍高于地表为宜（因灌水后苗木还要下沉）。

（三）灌水覆膜

苗木栽植后，要做一个圆形的树盘，并立即灌水，水渗完后，先用细土将树干周围加以覆盖， 防止水分蒸发，过几天将苗木扶正，进行树盘地膜覆盖， 这样既可保湿，又可增加地温，并能尽快促进苗木发芽生根，满足苗木地上部分所需水分，提高苗木成活率。

第三节 生产管理

一、土肥水管理

1. 土壤管理

幼树期进行扩穴深翻。封冻前，以定植穴为中心每年或隔年向外深翻 60 ～ 80 cm，尽量减少伤根，特别是骨干根，直到株间土壤全部翻完为止。深翻后及时灌水。

2. 施肥

为使杏提早结果，栽植前施足底肥，将有机肥（粪土、秸秆等）混匀腐熟后填入坑内。生长季节还要深施基肥并及时追肥。基肥以厩肥、堆肥、人粪尿为主，混施速效氮素化肥。用量一般为：盛果期的大树施厩肥 50 kg/ 株或鸡粪 10 ～ 15 kg/ 株，缺铁时基肥中加 0.8 ～ 1 kg/ 株硫酸亚铁。基肥最好秋施，一般在 9 月中下旬深翻时施入。追肥能快速发挥肥效，及时满足生长发育对养分的要求。

（1）萌芽前用尿素 15 kg/ 亩 +N、P、K、三元复合肥 45 kg/亩，穴施或沟施。

（2）花前和花后 2 周各喷一次 0.3% 尿素 +1% 过磷酸钙 +0.3% 硫酸钾混合液，促进果实细胞分裂。盛花期喷 0.2% 的硼酸或 0.3% 的硼砂利于坐果和防止缺硼。

（3）硬核期、5 月中下旬新梢旺长期、花芽分化期是杏的需肥临界期。对结果树追施尿素 100 ～ 250 kg/ 株，环状撒施或条沟施入。

（4）果实采后追肥，杏成熟采收后，花芽分化尚未结束，新梢生长停止，追施以氮为主的复合肥，结果树追施 N、P、K 三元复合肥 0.5 kg/ 株或饼肥 2 kg/ 株。

3. 灌水

（1）春季萌芽前正值北方春旱，施肥后灌一次大水，灌水后及时划锄或覆盖地膜，以利保墒。

（2）花期尽量减少浇水，十分干旱时，少量灌水，以滴灌或喷灌为好。

（3）硬核期果实迅速膨大，必须保证充足的水分供应，维持细胞液浓度，防止裂果。

（4）秋季深翻果园时结合施肥灌一次透水。

（5）在寒冷的冬季，封冻前灌一次大水，对杏的防寒抗旱有积极作用。

二、花果管理

谢花后 15 ～ 20 天（坐果后至硬核期前）及时疏除小果、畸形果、病虫果。一般短枝留 1 个果、中枝留 2 ～ 3 个果、长枝留 4 ～ 5 个果（两果间距约 5 cm）。亩产量控制在 3 000 kg 左右，不可盲目的追求过高产量影响杏的商品质量。

三、整形修剪

杏树修剪常采用自然开心形。树龄不同，修剪方法不同。

（一）幼树修剪

主要是整形，强枝轻剪，弱枝重剪，对骨干枝，宜轻不宜重，以剪去原枝条的 1/3 ～ 2/5 为宜。杏幼树期生长势旺，枝条直立，该时期修剪以短截为主，以促进分枝扩大树冠。注意开张主枝角度，选留和培养好的主侧枝，尽量多留辅养枝，以提前积累养分，提早结果。冬剪时，对主侧枝中央领导干进行短截，一般剪留 50 cm。夏季对新梢摘心刺激萌发 2 次枝，使树冠早成形。对新梢采用扭枝、拉枝的方式，促进幼树早结果。

（二）初果期修剪

初果期杏仍保持较强的生长势，枝条生长量较大，营养生长大于生殖生长。该期修剪时，应在保持好树形的基础上，不断扩大树冠，尽可能培养多的结果枝组，以冬剪和夏剪相结合为好。冬剪主要疏除背上直立竞争枝、密生枝、交叉枝，短截非骨干枝和交叉枝，促其分枝，培养为结果枝组；夏剪主要疏除背上过密枝和部分徒长枝。

（三）盛果期修剪

短截各级主、侧延长枝、骨干枝，一般为原枝的 1/3 ～ 1/2，回缩衰弱枝组。

（四）衰老期修剪

重点是回缩复壮，1 次回缩至 4 ～ 5 年生枝的基部，宜在早春进行，蜡封伤口。

第四节　病虫害管理

在杏上发生的病虫害有以下几种：流胶病、细菌性穿孔病、苦疔病、炭疽病、球坚蚧等。可采取以下综合措施防治。

（1）冬季刮除流胶部位，树干涂白，防冻害、日灼。

（2）发芽前喷 5°Bé 石硫合剂，防治褐腐病、细菌性穿孔病、炭疽病等，兼治球坚蚧。

（3）展叶后，喷硫酸锌石灰液（硫酸锌：石灰水：水 =1 ：4 ：240）或喷 65% 的代森锰锌 300 ～ 500 倍液，以防治细菌性穿孔病。

（4）果实豆粒大小时，喷一遍多菌灵或退菌特 400 倍液，或喷 65% 的代森锰锌 400 ～ 500 倍液，防治褐斑病、炭疽病。

第六章　葡萄栽植管理技术

葡萄（*Vitis vinifera* L.）为葡萄科葡萄属木质藤本植物，小枝圆柱形，有纵棱纹，无毛或被稀疏柔毛，叶卵圆形，圆锥花序密集或疏散，基部分枝发达，果实球形或椭圆形，花期 4 ～ 5 月，果期 8 ～ 9 月。葡萄为著名水果，生食或制葡萄干均可，并能酿酒，酿酒后的酒糟可提取酒食酸，根和藤药用能止呕、安胎。

第一节　品种选择及育苗要求

一、品种选择

品种选择原则：①选择需冷量低、早熟、品质优的品种；②选择果粒大、色泽艳、季节价差大的品种；③选择抗病性强、生长势缓和、容易开花坐果的品种；④选择结果节位低、节间短的品种。

二、育苗要求

繁育葡萄苗的方法很多，有扦插繁育，嫁接繁育、压条繁育、营养钵繁育，等等。下面将主要的繁殖方法——扦插繁殖总结如下。

（1）选择土地肥沃，光照好，交通便利的地块，活动土层在 40 cm 以上，旱能浇，涝能排的地块作苗圃。

（2）合理施肥：每亩使用有机肥 3 000 kg，一般以羊粪和猪粪为主，复合肥 30 kg 左右（盐碱地可考虑多施过磷酸钙 25 kg 左右）。

（3）苗木处理：先将苗条剪成 10 ～ 15 长的段，再将苗段放在 600 倍的天达 2116 壮苗灵稀释液中浸泡 4 h，使苗段吸足天达 2116 的稀释液，这样处理可促使葡萄苗早生根并且根系发达，早发芽，发出的枝条健壮。

（4）扦插：按南北方向起高垄畦，畦高 10 ～ 15 cm，宽 30 ～ 40 cm，畦沟宽 30 cm，然后铺设滴灌带，保证滴灌带在畦中间，最后覆盖黑色地膜，防止长草。

（5）在垄面上按照固定的行距和株距扎孔，一般用机械扎孔比较均匀。

（6）把发好芽的种条开始扦插，扦插时有芽的扦插，没芽的要扔掉。并且保证朝南方向。

（7）及时浇水，扦插后开始浇水，滴灌带水流不能过旺，要多开口，否则会损坏滴灌带形成水沟，以不流出为原则。

（8）扦插葡萄苗后第 4 天要继续浇水，保证成活率。

第二节　栽植建园

一、园地选择

选择地势高，最好是坡地向阳，肥沃深厚的沙壤土或疏松的土壤，pH 为 6.3 ～ 7.3 灌排水良好的地块，由于葡萄种植是劳动密集型产业，人工操作较多，最好选择在劳动力充裕的地方建园，以设施栽培为佳。

二、建立支架

支架可以是水泥柱，长 2.5 m 左右，粗 300 mm，顺行埋柱，柱距 6 m 左右，埋深 50 ～ 60 cm，采用单柱双臂离架后棚架的模式，有利于早期结果，后期丰产。

三、定植

选择根系完整、须根较多的 1 ～ 2 年生实生嫁接苗，可按株距 1.5 m，行距 2.5 m 定植，密度要小，以提高通风透光性，减少发病因素，北方春季地温 7 ～ 10℃时进行定植。南方冬季温暖，可在晚秋或冬季定植。

第三节　生产管理

一、肥水管理

（一）科学施肥

坚持大肥适水、合理施氮、有机肥为主，重施基肥，巧施追肥，提高磷、钾比例的肥水管理原则，提倡秋季沟施基肥，挖深宽各 50 cm 左右的沟，在 30 cm 以下每亩施作物秸秆，畜禽粪便，土杂肥 5 000 kg，填土拌合，最后覆土回填满沟，随即浇透水，追肥要根据树龄、树势、结果多少而异，年追肥 3 ～ 5 次。一般在萌芽前追施尿素或者二氨 15 ～ 25 kg/ 亩。坐果后每亩追施氮肥 25 kg，果实膨大期每亩追施钾肥 20 ～ 25 kg，采后 20 天，追施三元复合肥 15 ～ 20 kg/ 亩。每次结合浇水追肥，即 8 月中下旬开始，每隔两周喷施 0.4% ～ 0.5% 尿素，磷酸二氢钾或钙、硼等微量元素，以促进果实和枝条成熟。

（二）合理灌溉

灌水量视土壤的含水量决定，不能过勤，以不受旱为宜，全年浇足催芽水、催花水、催果水和封冻水就能确保丰产丰收，每次施肥后浇 1 次水，不要浇水过多，以免园内湿度过大，增加发病概率，浇水时采用小水漫灌，切勿大水冲灌，水量足时可多开几条沟，减缓流水速度，慎防在幼苗期大水冲泥而糊叶片，影响正常的生长和光合作用，一旦冲泥应及时用清水喷洒冲洗。

二、整形修枝

1. 夏剪

（1）绑蔓。把新梢固定在棚架上，分布均匀，在幼龄期每株苗木培养 3 ～ 5 个主蔓。

（2）摘心。主蔓上梢生的副梢留 2 ～ 4 梢多次摘心。

（3）疏花序整穗。按照结果枝、营养枝 1 ∶ 2 的原则，保留适当比例的营养枝，疏去营养枝上的花序。修穗时，掐去穗尖，使穗形呈倒梯形，去除副穗，果粒较拥挤时，疏去部分果粒。

（4）套袋。套袋能够减少病虫侵染，减轻日灼病的危害，保证果面的光洁，采摘半个月破袋，以利着色。

2. 冬剪

冬剪一般在葡萄树全部叶片掉落后20天进行，修剪原则为：幼龄期葡萄树以培养主蔓为主。整形形式分为单臂形、双臂形、H形等架形，主要任务是培养丰产骨架，剪除副梢，对主蔓先端成熟度较低的主梢短剪。三龄期、盛果期葡萄树以主蔓为骨架，主要以培养结果母枝为重点，对侧蔓留1～2芽短截，主蔓尖端视架形与品种决定短剪长度后，同时剪除病虫枝、细弱枝、徒长枝和过密枝，协调树体生长与结果的矛盾。

三、花果管理

（一）疏花疏果

由于葡萄果穗粒多、紧密，为确保连年高产优质，要严格控制果穗量，做到营养枝条不留果穗，结果枝也只留1穗原则，对过大穗、过小穗、异形穗要及时疏除，使每亩不超过2 000穗，每穗不超过1.5 kg，亩产控制在3 000 kg以内，应及时摘心绑条，对果穗进行处理，过长穗要摘去1/5，并对小穗、畸形粒、病残粒疏除，以免浪费营养。

（二）果穗套袋

一般谢花后22～26天，果穗整形和疏粒结束，果粒长到黄豆大时套袋。套袋前要全园喷施杀菌、杀虫药，待药液晾干后，套袋口要封严。套袋后要加强枝、叶病虫害的防治。去袋要在采摘前1～2周进行，宜在上午10点前或下午4点以后进行，去袋时，把纸袋中下部撕开翘起，去袋3～4天后摘除果穗附近的老叶，促进果实着色均匀。

（三）果实采收

果实采收时应分批进行，不宜提前采收，否则不仅糖分含量低、品质差且不耐储存，采收时手持穗柄剪下，切勿触及果面损伤果粉，采后及时装箱入库低温储存。

四、越冬防寒

每年1月份为汉台区气温最低时段，结合清园可全园喷布3～5°Bé石硫合剂，并用涂白剂刷白主干。

第四节　病虫害防治

葡萄抗病性较差，病害主要包括霉霜病、黑痘病、白粉病和灰霉病等，6～7月是降雨集中期，满足葡萄霉霜病、灰霉病等病害的发生和流行条件，因此一定要重视雨后各种病害的防治，严格控制葡萄病虫害对花序等器官的危害。虫害主要包括红蜘蛛、蚜虫、叶蝉等，必须坚持预防为主，综合治理为原则。

一、葡萄主要病害

葡萄主要病害有霜霉病、黑痘病、白粉病。

（一）真菌病害

1. 霜霉病

（1）症状

葡萄霜霉病主要为害叶片，也能侵染新梢、幼果等幼嫩组织。叶片病斑油浸状，半透明淡黄色至红褐色，受叶脉限制病斑呈多角形，发病4～5天后，病斑背面形成幼嫩密集白色似霜物。发病严重时叶片提早脱落。感病品种病斑较大，抗病品种病斑小。新梢感病时上端肥厚、弯曲，形成白色霉层，最后变褐色而枯死。如果生长初期侵染，叶柄、卷须、幼嫩花穗也出现同样症状，并最后变褐，扭曲或干枯脱落。发病小花及花梗初现油渍状小斑点，由淡绿色变为黄褐色，病部长出白色霉层，病花穗渐变为深褐色，腐烂脱落。幼嫩的果粒高度感病，发病后果色变灰色，表面布满霜霉。果粒成熟时较少感病，老果粒发病后变褐色。

（2）病原菌

葡萄生单轴霉 [*Plasmopara viticola* (Berk. & Curt.) Berl.&. de Toni]。

（3）发病规律

冷凉潮湿，多雨，多露、雾，利于发病。地势低洼，土质黏重，雨后排水不畅，田间湿度大，发病重。水田改种的葡萄园，发病重。大量施用速效化肥，枝叶茂盛徒长，组织幼嫩，抗病力差，田间郁闭，小气候潮湿，利于发病。种植密度大，棚架过低，不重视夏季修剪，管理粗放，发病重。

（4）防治措施

将葡萄园彻底清理干净，除去残枝败叶、杂草等，可以最大限度地减少病原菌。发病初期，用 65% 代森锌 500 倍液喷施葡萄园地，14 天后再喷施一次，确保药剂的治理效果。

2. 黑痘病

（1）症状

主要伤害葡萄植株中最为娇嫩的部位，比如果实、果梗、叶片、叶柄、卷须等，叶片染病后会出现大红褐色、黑褐斑点，叶脉病斑呈现灰色或灰褐色。

（2）病原菌

痂圆孢属葡萄痂圆孢 [*Sphacelomaampelinum* (de Bary) Schear]。

（3）发病规律

葡萄黑痘病的流行和降雨、大气湿度及植株幼嫩情况有密切关系，尤以春季及初夏 (4 ～ 6 月) 雨水多少的关系最大。多雨高湿有利于分生孢子的形成、传播和萌发侵入；同时，多雨、高湿又造成寄主幼嫩组织的迅速成长，因此病害发生严重。天旱年份或少雨地区，发病显著减轻。葡萄黑痘病的发生时期因地区而异。

（4）防治方法

黑痘病的预防，主要是在葡萄开花和幼果期使用速净 500 倍的稀释液，对葡萄树体全面均匀喷洒，也可用 20% 苯醚甲环唑 3 000 倍液、40% 氟硅唑 8 000 倍液、80% 戊唑醇 6 000 倍液等药剂进行防治，一般 7 ～ 10 天喷洒一次，连续喷洒 2 ～ 3 次，就可控制病情。

3. 白粉病

（1）症状

葡萄白粉病对于果实、叶片和嫩梢等的影响比较大。果实受害时，先在果粒表面产生一层灰白色粉状霉，擦去白粉后，表皮呈现出褐色花纹，最后表皮细胞变为暗褐色，受害幼果容易开裂。叶片受害：在叶表面产生一层灰白色粉质霉，逐渐蔓延到整个叶片，严重时病叶卷缩枯萎。新枝蔓受害，初呈现灰白色小斑，后扩展蔓延致使全蔓发病，病蔓由灰白色变成暗灰色，最后变为黑色。

（2）病原菌

葡萄钩丝壳菌（*Uncinula necator*）。

（3）发病规律

病原菌以菌丝体在受害组织或芽鳞内越冬，第 2 年春产生分生孢子，借风雨传播，穿透表皮进行初次侵染，生长季节可进行多次再侵染。干旱的夏季或温暖而潮湿、闷热的天气有利于白粉病的大发生。一般 6 月开始发病，7 月中下旬至 8 月上旬发病达盛期，9 ～ 10 月停止发病。

（4）防治方法

加强栽培管理，增施有机肥料，加强树势，提高抗病力；及时摘心，疏剪过密枝叶和绑蔓，保持通风透光良好，可减轻病害发生。注意果园卫生，清除病残体，集中烧毁或深埋，减少病源。在发芽前应喷 1 次 3 ～ 5°Bé 石硫合剂，发芽后喷 0.2 ～ 0.5°Bé 石硫合剂，或 50% 托布津 500 倍液，或 70% 甲基托布津 1 000 倍液，或 25% 三唑酮可湿性粉剂 1 000 倍液。

二、葡萄主要虫害

（一）葡萄二星叶蝉

幼虫和成虫喜欢依附在叶背面吸取汁液，致使叶面出现白色小斑点。严重时叶色苍白，以致焦枯脱落。

防治方法：夏季加强栽培管理，及时摘心、整理枝，中耕、除草，保持良好的通风光照条件。冬季主要做好清除杂草、落叶，翻地和消灭冬虫等措施。如果发现葡萄二星叶婵，第 1 代若虫发生期比较整齐，应掌握好时机，集中防治有利。常用农药 80% 敌敌畏乳油、50% 辛硫磷乳油、50% 马拉硫磷乳油、50% 杀螟硫磷乳油等 2 000 倍液喷雾防治。

（二）绿盲蝽

早春虫害，主要危害芽苞、新梢、幼果，形成孔洞，造成“破叶疯”，果实上点状发黑。

防治方法：可选用烟碱类（吡虫啉、噻虫嗪等）、有机磷类（对硫磷、马拉硫磷等）、功夫菊酯类（高效氯氟氰菊酯、联苯菊酯等）药剂防治，用药应尽量在傍晚。使用有机磷要严格控制药液浓度，以免对新梢造成药害。同时，应注重对周边杂草喷药防治和定期清除。

第七章　大樱桃栽培管理技术

大樱桃 [*Cerasus pseudocerasus* (Lindl.) G. Don] 果实色佳味美，营养丰富，成熟期早，被誉为“春果第一枝”。陕西省栽培樱桃已经有 2000 多年历史，随着农业的快速发展，西安、铜川为代表的关中地带，汉中商洛为代表的陕南地带已经成为我国大樱桃的主要产区之一，成为我省产业效益最好的果树树种，在农民增收致富方面发挥了巨大作用。

大樱桃适宜生长在通透性良好、疏松、pH 在 5.6 ～ 7 的微酸性或中性土壤上，适宜种植的温度为 10 ～ 12℃，适宜的年降水量为 600 ～ 800 mm，需年日照时数为 2 000 ～ 2 800 h，且冬季极端最低气温不得低于 –23℃。大樱桃果实酸甜可口、果肉肥厚多汁，呈黄白色、浅黄色、红色、紫红色等，极早熟或早熟品种的可溶性固形物含量在 14% 以上。

第一节　品种选择及育苗要求

一、品种选择

在品种选择上需具备抗逆性、丰产性、适应性、易管性等诸多优良性状，具备以质量为中心的优异果品性状，与其他品种授粉亲合力好。如果是从国外或外地引进的新品种，最好引入地与种植地气候条件相近或相似（引种容易成功）。主要优良品种有早大果、红灯、美早、拉宾斯、艳阳、萨米脱、雷尼尔、斯坦勒、布鲁克斯、先锋、岱红、巨红、吉美、玫丽、奥德等优良品种。

二、育苗要求

1. 实生育苗

实生繁殖主要用于实生砧木和杂交育种实生苗的培育。

（1）砧木实生苗的特点：优点是成本低，可繁殖量大，根系强。缺点是种子较难贮藏，发芽率低。

（2）砧木种子的采集和处理：育苗用的种子必须在生长健壮、无病虫害的母树上采集，应在果实充分成熟后采集。选取无病虫害、饱满的健康樱桃果实，在清水中洗掉果肉，去除漂浮在水面上未成熟的种子。洗净后的种子用 20% 的多菌灵 800 倍液浸泡 5 ～ 10 min 进行杀菌，在阴凉通风处干燥后进行沙藏。沙藏应选择背阴、干燥不积水处，大小依种子量而定。沙藏期间注意检查沙子湿度，不可过干。来年 2 ～ 3 月份气温回升后取出，转至室内或阳畦催芽，半数种子露白后即可播种。樱桃种子沙藏时间较长，需 100 ～ 180 天，所以应在种子采集后立即沙藏。

（3）播种及苗期管理：播种分为春播和秋播，若是秋播，则可代替冬季沙藏。育苗地需在入冬前深翻，每亩施农家肥 4 000 ～ 5 000 kg，若施鸡粪，必须完全腐熟。翻耕后耙平，在开春前做畦并用硫酸亚铁、多菌灵、甲基托布津等加 500 倍土对土壤消毒。播种前 4 ～ 6 天灌一次水，按“黄墒”进行播种。播后到出苗前需在种芽顶土前在膜上扎孔通风，出苗后逐渐去除地膜。在苗期要注意水分管理，小水勤灌。幼苗出土后至起苗前，注意肥水管理。

（4）共砧实生苗是指用种子繁育的实生苗，一般用于杂交育种、实生选种，也可作为砧木嫁接大樱桃品种。

（二）扦插苗培育

主要是对形成品种的砧木进行营养繁殖。插条选择品质优良、生长健壮、无病虫害的树作为母树，枝条选择 1 ～ 2 年生长发育良好、木质化充分、直径 1 ～ 2 cm 的壮枝为宜。冬前采集的种条，捆好后进行沙藏。开春温度回升后准备扦插前，将插条下端浸入 100 mg/L 的生根粉或 50 mg/L 的吲哚乙酸溶液中，取出后立即扦插。早春采集的插条，先在清水中浸泡 24 h，然后同上方法处理。扦插时间距 15 cm、插条倾斜 60°、马蹄形削面向地插入沟中，用行间土覆盖插条，覆土以仅露出插条顶部一个芽即可，最后浇透水坐苗。如果用地膜覆盖前茬，要对插条顶部进行蜡封。扦插后 10 ～ 15 天，插穗第一芽萌动时，灌一次大水，过半月再灌一次，灌水后及时进行保墒处理。插后 20 ～ 30 天，插穗即可生根，插穗顶端新梢生长到 20 cm 时，追施速效氮肥一次，每亩施人粪尿 1 000 kg 或尿素 15 kg。施后灌水，以尽快发挥肥效，促进苗木生长。

（三）嫁接方法

应从品质优良、生长健壮、无病虫害的结果树上采集接穗，枝条尽量采取树冠外围、生长健壮、腋芽饱满的一年生枝条。樱桃苗木的嫁接方法主要有芽接法和枝接法，从时间上分为春季、夏季和秋季嫁接，春季多用劈接法和切接法，夏秋多用芽接法。

第二节　栽植建园

一、园址选择

大樱桃是喜温喜光，不耐寒，喜水怕涝的果树，应选择地势较高、平坦开阔、背风向阳的地方建园。新开发的荒山、荒滩要改土，尽量选择在水源方便，便于灌溉的地方建园。前茬作物最好是蔬菜或者粮食作物，如果为其他核果类的果树林木，需经 3 年轮作轮休，或者采取系统的防治再生障碍的技术措施。

二、园地规划

园区的道路一般分为主路、干路和支路三种，道路要与水土保持、防护林等统筹规划、以求节约用电。排水和灌溉系统要遵照排灌通畅、节水、省地的原则安排。堆肥场所远离水源地，设置在下风口园区的角落或者是边缘地方。

三、土壤改良

大樱桃对土壤的条件要求比较高，要求土层深厚、通透性好、保水保肥能力好、土壤矿质元素丰富的砾类土壤。对于肥力较低的土壤常用的改良方法是全园深翻、客土改良、挖掘栽植通沟、掺沙改良等方法。

第三节　生产管理

一、土壤管理

（一）存在问题

当前大樱桃果园普遍面临土壤有机质缺乏、果园管理不规范、土壤管理投入少和先进技术应用速度慢等问题，成为制约大樱桃产业发展的主要限制因子。

（二）土壤改良技术

1. 深翻熟土

大樱桃是浅根系树种，需要一个良好的土壤条件，对于有些不适合大樱桃生长的地区，如土壤瘠薄、土层浅、排水不畅的黏重土壤，一定要深翻改土。一般在定植后第一年秋季开始，每年进行扩穴，每年深翻时间最好在 9 月上旬至 10 月上旬进行。

2. 改土提质

对于土壤条件不能满足需求时，需要进行改土提质。一般采用掺沙改良和增施有机肥和深埋农作物秸秆等方法进行土壤改良。

二、施肥

（一）大樱桃需肥特性

大樱桃最宜在土层深厚、土质疏松、保水力较强的沙壤土上栽培。大樱桃耐盐碱能力差，一般土壤以 pH6.5 ～ 7.5 为宜。

大樱桃的果实发育期较短，其结果树一般只有春梢一次生长，且春梢的生长与果实的发育基本同步，因此，在营养方面有自己的特点，须加以注意。樱桃的枝叶生长、开花结实都集中在生长季的前半期而花芽分化也多在采果后的较短的时间内完成。在养分需求方面主要集中在生长季的前半期。

（二）大樱桃施肥技术

樱桃具有树体生长迅速的特点，枝叶生长和开花坐果集中在生长季的前半期中，花芽分化多在采果后的短时间里完成。因此，采果后适时施肥尤为重要。冬前、花期及采后是大樱桃施肥的 3

个重要时期。

1. 秋施基肥

宜在 9～10 月份进行，以早施为好，可尽早发挥肥效，有利于树体贮藏养分的积累。施肥量为每亩施腐熟的有机肥 2 500 kg，采用沟施。

2. 花期追肥

大樱桃开花坐果期间对营养条件有较多的要求。萌芽、开花需要的是贮藏营养，坐果则主要靠当年的营养，因此初花期追施氮肥对促进开花、坐果和枝叶生长都有显著作用。

大樱桃盛花期土壤追施肥效较慢，为尽快补充养分，在盛花期喷施 0.3% 的尿素、0.2% 的硼砂和 600 倍的磷酸二氢钾液，可有效提高坐果率。注意喷施应在下午或傍晚进行，主要喷洒叶背，以利于叶片吸收。在落花后 10～15 天开始至采收后一个月左右，每隔 7～10 天喷施一次叶面肥，肥料以磷酸二氢钾和活力素为主。

3. 采果后追肥

大樱桃采果后 10 天左右，即花芽开始大量分化时，此时正是新梢接近停止生长时期。整个花芽分化期约 40～45 天，采收后应立即施速效肥。

4. 施肥量

最好是施用有机肥或根据土壤养分分析，进行配方施肥，一般每亩施氮素 10 kg，五氧化二磷 4 kg，氧化钾 8 kg 为宜。结果大树株施腐熟鸡粪 10～20 kg，或腐熟人粪尿 20～30 kg，或猪圈粪 50～60 kg。在大樱桃的盛花期，相隔 10 天连喷 2～3 次 600 倍磷酸二氢钾液，增产显著。只有不断地施有机肥，才能不断地补充被消耗的土壤有机质，保持土壤肥力。过多施氮，或单纯施钾都没有好处。

施肥方法：有机肥作为基肥的传统施用方法是在树盘外挖大穴、开放射状沟。追肥最好是往树盘中撒施，并立即轻轻划锄，使肥土混匀，然后浇水。树盘覆草时，可直接撒施在草上，然后以水冲下。不要将肥撒施在地面，既不划锄，也不立即浇水，尤其在气温较高时，肥料裸露在空气中损失大、效果差浪费多。

第四节　病虫害防治

一、休眠期

（1）冬季结合修剪清除枝干上的越冬病虫，剪除病虫枝条及僵果，刮除枝干上流胶及各种越冬虫体，并涂刷石硫合剂。石硫合剂熬制的方法是 1 kg 石灰、2 kg 硫磺、10 kg 水，开锅大火熬 40 min。

（2）促进剪后伤口愈合，避免流胶。清扫园内落叶、落果，剪下的病虫枝条，带出园外烧毁。早春刨树盘，将地表的病残体翻入地下，同时将越冬害虫暴露地面，降低越冬成活率。

（3）萌芽前 15 ～ 20 天，用 30% 机油石硫微乳剂 800 倍液加 10% 蚜虱净可湿性粉剂 3 000 倍液喷雾清园，防治越冬蚜虫、介壳虫等虫害和穿孔病、叶斑病等叶部病害。

（4）做好树体防寒越冬，上冻前浇防冻水，一定要浇透浇足，提高越冬能力，为下年萌芽打基础；1 ～ 2 年生幼树喷防冻蜡、绑草把防抽条；培土堆，防根茎部位冻害。

二、萌芽期

（1）刮除老翘皮，集中烧毁。

（2）全园喷 1 遍 3 ～ 5°Bé 石硫合剂或 100 倍液机油乳剂，防治越冬蚜虫、介壳虫等虫害和穿孔病、叶斑病等叶部病害。

（3）介壳虫发生较重的果园，在树下堆 40 cm 高沙堆，阻止其上树为害，并集中诱杀。

（4）根癌病较重的树，要扒开根茎晾根，用 30 倍液 K84 灌根，用液量根据树龄大小灌 1 ～ 3 kg。

三、开花期

（1）防治红颈天牛、金缘吉丁虫，此期至 10 月份检查枝干，发现天牛和吉丁虫为害的虫道，及时人工挖除，用毒签或稀释后的杀虫剂注射杀灭幼虫。

（2）花期喷 0.3% 硼砂液提高坐果率。

（3）注意防治金龟子，花期人工，花后用10%高效氯氰菊酯1 500倍液喷雾。

四、果实膨大期和成熟期

（1）注意防治穿孔病、叶斑病等叶部病害，用大生M45兑水800倍液及50%多菌灵可湿性粉剂600倍液交替喷雾。

（2）此时是介壳虫越冬代孵化期，注意观察，在介壳虫没有形成蜡质前喷药防治。使用的药剂有20%甲氰菊酯2 000倍液或1.8%阿维菌素3 000倍液。

五、花芽形成期和新梢旺长期

（1）此期若有降雨，雨后应及时喷1遍10%多菌灵800～1 000倍液或75%百菌清500～600倍液或68.75%恶唑菌酮锰锌（易保）水分散粒剂1 000～1500倍液。

（2）检查树体多病的根颈部及粗根，发现根癌病用利刀纵向划道，间距3 mm深达木质部，涂50倍福美砷。根癌病用30倍K84灌根。

（3）挖除或药液注入杀死天牛、透翅蛾幼虫，其他害虫及时采取相应措施防治。

（4）注意防治苹果叶螨、二斑叶螨、黄刺蛾、舟形毛虫、美国白蛾、卷叶蛾等害虫，用10%溴虫腈（除尽）悬浮剂1 500倍液或阿维菌素3 000～4 000倍液喷雾。

六、新梢缓慢生长期

（1）大青叶蝉成虫在幼树枝条上产卵造成伤口，易引起流胶、抽条。可树干涂涂白剂或频振式杀虫灯诱杀，也可用阿维菌素或菊酯类农药喷雾。

（2）保护叶面可喷2～3次杀菌剂，选用多菌灵、代森锰锌、农用链霉素等。营养贮藏期（10月份）：此期最重要的是保护好叶片，注意防止早期落叶，适时适量浇水，防干旱，清理果园，搞好果园卫生。

第四部分　时令水果生产

近年来，汉台区把大力发展时令水果作为推进都市型现代农业发展的重要抓手，积极引导农民群众因地制宜发展草莓、西瓜等时令水果，全区目前发展各类时令水果 8 000 余亩，年产值达 1.2 亿元。

目前,汉台区推广种植的草莓品种主要有"章姬"、甜查理、意大利 17 等,西瓜品种主要有"西农八号""巨龙"等。草莓按生产季节分为冬草莓和春草莓，一般冬草莓效益高，亩均产值 5 万元以上，春草莓由于种植面积大，亩均产值多在 1.5 万元以上；近年来，主要推广的技术有环境调控技术、熊蜂授粉技术等。西瓜主要以露地种植为主，亩均产值多在 1 万元以上，主要推广的技术有肥水管理技术、整枝压蔓技术等。本章主要介绍大棚草莓和西瓜栽培管理技术。

第一章 大棚草莓栽培管理技术

近年，大棚草莓（*Fragaria ananassa* Duch.）生产发展迅速，主因是其栽培较容易，生产周期短，从 9 月定植，到第二年 4 月上市，亩纯收入大多在 5 000 元左右。大棚草莓在 5 月下旬拉秧后可接茬栽番茄、线辣椒、青笋等，若要倒茬，可种甜玉米、水稻，现将大棚草莓栽培技术要点总结如下。

第一节 种植环境要求

一、温度

草莓对温度比较敏感，喜阴凉。15 ～ 25℃是最佳生长温度。草莓比较耐寒，经过短暂的零下 5℃，草莓仍能存活。

二、光照

草莓是喜光植物，但具有很强的耐阴性。

三、水分

草莓是浅根植物，在整个生长期都需要水分。一般来说，生长季节要求土壤的含水量不低于 60%，这基本上可以满足每个发育阶段的用水需求。当浆果成熟时应控制水分（水太多，浆果质量下降）但不适合干旱太久，否则幼果很容易因缺水而收缩。

四、土壤

草莓可以生长在各种土壤中。然而，由于根浅，生长旺盛，开花结果集中，要想获得高产和优质浆果，必须在富含有机质的土壤上种殖。

第二节　品种选择及育苗要求

一、品种选择

意大利17号，早熟，较耐运输。

二、育苗要求

按每亩生产田需备150 m^{2}苗圃计算出所需苗圃面积，选合适田块，每亩施腐熟有机肥4 000 kg，然后深耕细耙，做宽150 cm的平畦，3月下旬至4月初按株距40～50 cm、行距150 cm定植在苗圃中，缓苗后不久花蕾陆续出现，应及时打掉，以促进匍匐茎的发生。当匍匐茎抽生幼叶时，前端用细土压住，外露生长点。进入8月以后，匍匐茎子苗布满床面时，摘心，一株保留5～6个匍匐茎苗，多余的匍匐茎去掉，9至10月即可培育出壮苗。壮苗标准为有5～6片发育健全的无病虫害的完整叶，根茎粗1～1.5 cm，须根多且色白，植株矮壮，单株重量25～30 g。也可买商品苗。

第三节　生产管理

一、土壤消毒和整地

建园时要选择土层深厚、土质疏松通气、保水保肥力强的壤土或沙质壤土，土壤pH以5.5～6.5为宜，有机质含量在2%以上为好。定植前用50%辛硫磷乳油1 000倍液喷洒湿润土层，然后浅锄，可防治蛴螬、地老虎；或用绿享一号加敌百虫，进行土壤消毒杀虫。为减少用工可采用除草剂，每亩用50%的草萘胺可湿性粉剂100～200 g，加水30 kg，均匀喷于土表。1周后亩施优质腐熟农家粪肥5 000 kg，过磷酸钙100 kg、氯化钾50 kg，深翻、耙平，然后起垄，高垄南北走向，底宽60 cm，上宽40 cm，垄间沟宽30 cm，垄高15～20 cm。

二、定植

8月下旬至9月中下旬选阴天或遮阴定植，每垄2行，行距35 cm，株距20 cm，每亩定植8 000株左右。采用三角形栽植，要求深不埋心，浅不露根，苗弓向畦外（垄沟方向），将来花序及果实垂落于垄的两侧，便于管理。灌足定植水，缓苗后进入花芽分化期，此期应控水控氮，防苗徒长。

三、定植后管理

（一）肥水管理

11月至12月应浅中耕3次。草莓恢复生长至开花前保持土壤湿润即可，开花坐果后需水肥量增加，初花期与坐果初期各追肥1次，每亩每次施尿素10 kg、过磷酸钙20 kg、氯化钾10 kg，或只施三元复合肥35 kg，把追肥配成4 000倍母液，随浇水冲施。果实成熟期需适当控制灌水。

（二）植株管理

9月定植的草莓苗，除及时补充水分外，应加盖遮阳网遮阴。草莓花芽分化需较低温度和短日照，可在遮阳网上加盖草帘，通过揭与盖草苫，人工造成短日照的条件及较低温度，促进顶花序和腋花序的分化，持续1个多月。生长季节要不断除掉老黄叶、病叶和弱势侧芽，集中营养提供结果。花期每株保留4～5朵早花、大花，疏除小花、晚花。坐果后再疏除小果、畸形果，每次每株保留3～4个大果即可。在前一次果成熟后，再选留4～5朵大花，以保持连续开花结果。

（三）温湿度调控

1. 定植至休眠

定植后经过1月余的揭盖遮阳网，从10月底至11月上旬，进入草莓花芽分化期末，可撤除遮阳网。应在外界气温8℃左右，草莓经过充分休眠后进行扣棚保温，不宜过早，我省北方一般在12月中旬至次年1月上旬扣棚，陕西南部地区大多采用大棚＋地膜栽培方式，在1月上旬“小寒”至1月下旬“大寒”前后扣大棚膜和地膜，盖地膜时随盖随将苗破膜放出。

2. 恢复生长至开花前

温度可相对高些，一般白天控制在28～30℃，夜间12～15℃，最低不能低于8℃。此期室内湿度控制在60%～85%。

3. 开花期

开花期对温湿度要求比较严格，一般白天22～25℃，最高不能超过28℃，温度过高过低都不利于授粉受精的进行，夜温10℃左右为宜，最低不能低于8℃，夜温超过13℃，腋花芽退化，雌雄蕊发育受阻。室内湿度控制在40%左右为宜，湿度过大过小都会造成授粉不良。

4. 果实膨大和成熟期

温度白天控制在20～25℃，夜间6～8℃。湿度可控制在60%～70%。

5. 花期辅助授粉

保护地内通风量小，昆虫少，不利于草莓授粉和受精，辅助授粉可以采取每亩放蜂2箱，或用毛笔人工授粉。

四、及时更新苗子

一般情况下草莓苗栽后第3年开始生长衰退，品质下降，要求2～3年更新一次。

第四节　病虫害防治

一、病害防治

（一）灰霉病

草莓灰霉病是由灰葡萄孢菌（*Botrytis cinerea* Pers. ex Fr.）侵染所引起的、发生在草莓上的病害，与水生作物或禾本科作物如水稻或玉米实行2～3年轮作；定植前深耕，提倡高畦栽培，注意排水降湿；药剂处理土壤，定植前每亩撒施25%多菌灵可湿性粉剂 5～6 kg；发病初期可喷 50% 多菌灵 600 倍液或 50% 速克灵 1 500 倍液或 50% 扑海因 1 500 倍液，每 7 天喷 1 次，共防 2～3 次。

（二）白粉病

草莓白粉病是由羽衣草单囊壳菌 [*Sphaerotheca aphanis* (Wallr.) Braun] 侵染所引起的，发生在草莓上的一种病害。主要危害叶片、叶柄、花器、果实、果柄。发病后叶背面出现白色丝状菌丝，后形成白粉；发病后期叶片褪绿、黄化，其表面覆盖着白色霉层。

选用抗病品种；冬春季清扫园地，烧毁腐烂枝叶，生长季及时摘除病残老叶；喷洒 2% 武夷菌素水剂 200 倍液，或 25% 粉锈宁可湿性粉剂 3 000 倍液，隔 7 天喷 1 次；棚室内每亩可用 45% 百菌清烟熏剂 0.2 kg 或速克灵烟熏剂灭菌。

三、虫害防治

对蚜虫可悬黄板诱杀或喷施 10% 吡虫啉可湿性粉剂 2 000 倍液防治。

第二章　露地西瓜高产栽培技术

西瓜 [*Citrullus lanatus* (Thunb.)Matsum. & Nakai] 属于葫芦科西瓜属，一年生蔓生藤本，中国各地均有栽培，品种甚多，外果皮、果肉及种子形式多样，为夏季水果，果肉味甜，能降温去暑，种子含油，可作消遣食品，果皮药用，有清热、利尿、降血压之效。

第一节　种植环境要求

一、温度

西瓜喜温暖、干燥的气候、不耐寒，生长发育的最适温度 24 ～ 30℃，根系生长发育的最适温度 30 ～ 32℃。

二、光照

西瓜喜光照，生育期长。

三、水分

西瓜耐旱、不耐湿，阴雨天多时，湿度过大，易感病。

四、土壤

西瓜适应性强，以土质疏松，土层深厚，排水良好的沙质土最佳，喜弱酸性，pH5 ～ 7。

第二节　品种选择及育苗要求

一、品种选择

根据市场需求选择适销对路、品质好、产量高、抗病性强的品种，近年来适合汉台区露地栽培的西瓜品种主要有：西农八号、巨龙、西农大霸王等。

二、育苗要求

（一）浸种

选用籽粒饱满的西瓜种子用55℃温水浸泡，不断搅动，当水温降至30℃后，继续浸泡5 h，洗净种皮上的黏液，沥净水后及时播种。

（二）培育壮苗

一般在3月上中旬用营养钵（育苗盘）集中育苗，避免直播。在浸种催芽前1周要配置好营养土，用营养钵装好营养土，再用薄膜盖好。以免雨水打湿营养钵。在播种时，先用洒水壶把营养土浇透水，然后播种，并盖上1 cm厚的湿细土。幼苗苗龄30～35天，有2～4片真叶时即可移栽大田。移栽前一天对幼苗进行喷药，预防病虫害。

（三）苗期管理及留苗密度

出苗后，注意及时给幼苗放风，以防幼苗烤死。西瓜幼苗3叶一心时即可定植，每亩种植密度大型西瓜为500～600株、小型西瓜600～700株。

第三节　生产管理

一、种植地的选择

种植西瓜地块不能连茬种植，宜选排灌方便，土层深厚，有机质丰富的土质较肥沃的沙壤土，最好表层为沙土，底层为壤土，兼有沙土与黏土的优点。若土壤偏黏，可冬翻深耙，增施有机肥，瓜沟压沙、掺沙等进行土壤改良；若土壤过沙，易漏水、漏肥，应加强后期肥水管理。地块最好是背风向阳、温暖、墒好、地势平缓，以利西瓜早熟丰产。结合整地，亩施腐熟农家肥1 000～1 500 kg、复合肥25 kg、硼砂1.5～2 kg，硫酸镁4 kg。

二、田间管理

（一）肥水管理

开花坐果前多施肥水，以促进营养生长。施肥注意慎施提苗肥，巧施伸蔓肥，重施膨瓜肥。提苗肥在定植后 5 ～ 7 天缓苗后进行，一般用尿素、复合肥按 1 ：2 的比例配成 0.3% 溶液施 1 次即可；伸蔓肥一般在提苗后 20 天左右，每株用尿素 10 ～ 15 g、钾肥 15 g，在定植点外 35 cm 处两侧开深 25 cm 条沟，将肥施于沟中盖土；膨瓜肥在幼果鸡蛋大小时进行，每株用尿素 30 ～ 40 g、过磷酸钙 15 g、钾肥 30 ～ 40 g，在定植点外 50 cm 处，施用方法同伸蔓肥，但沟位置应垂直于伸蔓肥沟。必须及时做好雨后排水，做到雨停沟干。坐瓜期遇高温干旱，可在晚间采取沟灌。

（二）中耕除草

中耕除草应在西瓜蔓长 40 ～ 50 cm 时进行，如果蔓过长中耕，不但操作不便，且容易损伤蔓叶致病侵入，而且锄松的土壤，雨后易溅污叶片、花朵及幼瓜。

（三）整枝理蔓

常见的整枝方式有双蔓式和三蔓式。双蔓式即保留主蔓及主蔓基部一条健壮侧蔓，及早摘除其余侧蔓。这种方式适于密植，坐瓜率高，在早熟栽培或土壤比较瘠薄的地块较多采用。三蔓式是保留主蔓，并在主蔓基部的第三至五节上选取 2 条健壮的侧蔓，除去其他侧蔓。这种方式在中晚熟品种上应用较多。主蔓出藤后至第一朵雌花开放时，每隔 3 ～ 4 天对瓜苗整理一次，使主蔓有规律地向前伸展。开花后，不再进行理蔓。

（四）压蔓

压蔓可以固定植株，防止大风吹翻茎蔓，损伤秧蔓及幼瓜。压入土中的茎节上可促发不定根，扩大根系吸收面积，增强吸肥水能力。同时，保证茎叶在田间分布均匀，充分利用光照，提高光能利用率。从而使茎叶积聚更多的养分而变粗加厚，有效抑制徒长，使养分和水分集中供应果实生长，更好的协调营养生长和生殖生长间的平衡。

压蔓分明压、暗压两种方式。

1. 明压法

明压法又称明刀、压土坷垃法。即先轻轻把瓜蔓提起，用瓜铲将下面土壤打碎、整平，后将瓜蔓放下拉直，用事先备好的土块压于茎蔓节间，以后每隔 20 ～ 30 cm 长压一土块。该法对植株生长影响较小，适于早熟、生长势较弱的品种，以及土质黏重、雨水较多、地下水位高的地区，而在风大、沙土地区不宜使用。

2. 暗压法

暗压法即压闷刀，其连续将一定长度的瓜蔓全部压入土内，又称压阴蔓。具体做法为：先将待压蔓地面松土拍平，后挖一个深 8 ～ 10 cm、宽为 3 ～ 5 cm 的小沟，将蔓理顺、拉直、埋入沟内，只露出叶片和生长点，覆土拍实。该法可有效控制植株长势，对生长势较旺，易徒长的品种效果良好，尤其适用于沙性土壤、丘陵坡地栽培。

（五）人工辅助授粉，以提高坐瓜率

开花后每日上午 6 点半至 9 点进行授粉，选素质好的雌花和雄花授粉。雄花宜选瓜蔓长势中等，花朵大而鲜艳，花药发达，花粉较多者授粉。雌花则是子房粗而长，花朵大，花柄粗长弯曲者，授粉后易坐瓜，且长成大瓜，好瓜概率大。授粉时，先将雄花摘下，去除或后翻花瓣，使雄蕊露出，然后用雄蕊花药在雌花柱头上轻轻涂抹，使花粉涂遍柱头，花粉量要充足。花期阴雨，可用纸帽或薄膜袋套在次日将开放的雌花上防雨，同时将次日将开放的雄花取回室内干燥处。次日清晨，雄花正常开放散粉时，将雄花带到田间，取下雌花纸帽授粉，后再套上防雨纸帽，以确保授粉成功。

（六）促进坐瓜

选留主蔓上第二、三雌花结瓜比较理想，离主根较远部位的雌花所结果实较小，一般不宜留瓜。

（七）坐瓜管理

地膜覆盖西瓜以中晚熟、中大型品种为主，要求瓜大丰产，一株一瓜为宜。一般主蔓上第一朵雌花结的瓜果小、皮厚、易空心、多畸形、商品性低，应及时摘除。中晚熟品种优先选留主蔓上第2～3个雌花结的瓜，主蔓上留不住时再从侧蔓上选留。为保险起见，主蔓上选留瓜时，最好在侧蔓上再选留一花期相近的雌花留作预备瓜，待幼瓜长到鸡蛋大小后，一般不再化瓜，可选留定瓜。定瓜时应选择子房肥大，瓜形正常呈椭圆形，瓜柄中等而弯曲，皮色鲜艳发亮的幼瓜。兼收二茬瓜者，应在头茬瓜已长大接近成熟时再选留，以免互相影响。西瓜幼瓜长至拳头大时，将瓜顺直平放，称顺瓜；为促进果实生长周正，防止污染及雨水浸泡，减轻病虫危害，应在果实下面垫上草圈或麦草，称垫瓜；果实定个后，每隔3～4天把果实按同一方向翻动一次，经2～3次，将着地面翻到上面，使瓜皮各部位受光均匀，以利果皮着色及果实生长均匀，称翻瓜。翻瓜应在傍晚进行，清晨、雨后及浇水后不宜翻瓜，以免断柄落果。若遇阴雨天，可适当增加翻瓜次数。

第四节　病虫害防治

西瓜病虫害防治应采取综合防治措施。

一、农业防治

一是对瓜田附近的沟路边杂草清除干净，减少害虫前期可利用的寄主；二是注意清除西瓜的病株，应将病株拔除集中深埋或烧毁，不要随手丢弃在沟内或路边。

二、化学药剂防治

防治枯萎病，可用50%多菌灵可湿性粉剂500倍液或70%甲基托布津1 000倍液灌根1次，每穴灌药液250 mL。露地西瓜病毒病主要是由蚜虫传播，应重点治蚜防病，蚜虫发生高峰前，可喷20%吡虫啉1 500倍液防治。炭疽病发病初期，喷洒80%炭疽福美800倍液或70%甲基托布津可湿性粉剂500倍液。

附 录

附录1 蔬菜吊挂式二氧化碳气体施肥技术

一、二氧化碳气肥的属性

二氧化碳气肥又叫二氧化碳发生剂，属无公害绿色肥料。大自然中的植物 90% 的养分来自光合作用，形成光合作用的首要物质成分是二氧化碳气体。在正常空气中的二氧化碳可以满足农作物正常生长的需要，但在冬季需要保温的原因，温室及大棚经常需要保持封闭的状态，二氧化碳无法得到及时补充，特别在清晨，农作物经过一夜的细胞分裂生长，需要大量的二氧化碳进行光合作用，但这时棚内二氧化碳严重稀缺，使得农作物处在饥饿状态，造成农作物抗病虫能力低、产量减少、品质下降，生长周期延长，而且一旦遇到连阴或雨雪天气，使用再多的农药、化肥、杀菌剂都无法解决和补救，只有采用人工方法为温室大棚适量补充二氧化碳才是有效的解决办法。

二、吊挂式二氧化碳发生剂的工作原理

二氧化碳吊袋由发生剂和催化剂混合而成，其有效释放期长，白天在阳光照射下可自动产生二氧化碳气体，夜晚无太阳光时则不产生。汉台地区冬季以阴天为主，阳光稀缺，极不利于蔬菜生产，为了提高蔬菜产品的质量和产量，需利用人工方法改善生产条件。

三、二氧化碳气体肥的功效

提升大棚内二氧化碳浓度，加强光合作用。通过促进生长、增强肥效，增强抗冻、抗害、抗旱能力，绿叶、膨果、壮苗，从而达到提高产品品质，增加产量的目的。2018、2019、2020 年冬

季汉台区中园农业园区连续引进使用二氧化碳气肥袋，在大棚草莓生产中对比实验示范，提质增产效果达 20% 以上。

四、吊挂式二氧化碳气体施肥方法

吊袋式二氧化碳发生剂操作简单，使用安全方便、无污染、不需要任何水、电等配套条件，只需要将吊袋内的发生剂与催化剂混合均匀后吊挂在植物上端 30 ～ 50 cm 处，并可连续使用 30 ～ 60 天。每亩使用量根据产品说明而定。以每袋 200 g 为例，每亩悬挂 15 ～ 20 袋。

五、吊挂式二氧化碳气体施肥注意事项

（1）二氧化碳气体的比重较大，缓慢向下沉降，只要通风口高于吊袋，正常通风不影响使用效果。

（2）一旦使用不可突然停止，以免因二氧化碳浓度突然降低造成作物早衰。

（3）使用完后袋子里的水和残渣不要倒在棚内。

（4）二氧化碳吊袋不能在太阳下暴晒，须置于阴凉干燥处存放。

附录 2　蔬菜膜下滴灌技术

膜下滴灌技术，是指在膜下应用滴灌技术，即在滴灌带或滴灌毛管上覆盖一层地膜，通过可控管道系统供水，将加压的水经过过滤设施滤“清”后，和水溶性肥料充分融合，形成肥水溶液，进入输水干管 - 支管 - 毛管 (铺设在地膜下方的灌溉带)，再由毛管上的滴水器一滴一滴地均匀、定时、定量浸润作物根系发育区，供根系吸收。通过膜下滴灌，可达到节水、节肥、减轻病害、增产的效果。

一、蔬菜膜下滴灌的优点

（一）省水

滴灌仅湿润作物根系发育区，属局部灌溉形式，由于滴水强度小于土壤的入渗速度，因而不会形成径流使土壤板结。

（二）肥料利用率高

易溶肥料施肥，可利用滴灌随水滴到作物根系土壤中，使肥料利用率大大提高。据测试，膜下滴灌可使肥料的利用率由30%～40%，提高到50%～60%。

（三）增产

膜下滴灌能适时适量地向作物根区供水供肥，调节棵间的温度和湿度；同时地膜覆盖昼夜温差变化时，膜内结露，能改善作物生长的微气候环境，从而为作物生长提供良好的条件，增产效果明显。

（四）投工量减少

膜下滴灌，由于植物行间无灌溉水分，因而杂草比全面积灌溉的土壤少，可减少除草投工。滴水灌溉，土壤不板结，可减少锄地次数。

二、操作要点

（一）整地施肥

平整地块，施肥翻地。平整地块有利于均匀灌水，整平地块后，将充分腐熟的优质农家肥打碎，拌入适量的化学肥料，拌匀后撒施地面，深翻土壤，为作物根系生长创造疏松肥沃的条件。基肥品种以优质有机肥、化肥、复混肥等为主；在中等肥力条件下，结合整地每亩施优质有机肥（以优质腐熟猪厩肥为例）约5 000 kg，磷肥 (P_2O_5)6～10 kg，钾肥5～10 kg。

（二）安装滴灌设备

按照不同作物的行距、株距，安装滴灌管道。按照畦宽每畦铺设一至两条滴灌管（带），滴头朝上。如果使用旧滴灌管（带）一定要检查其漏水和堵塞情况。

（三）地膜覆盖

铺设滴灌管道后，进行地膜覆盖，地膜覆盖的方式依当地自然条件、作物种类、生产季节及栽培习惯不同而异。常用方式有平畦覆盖、高垄覆盖、高畦覆盖、沟畦覆盖等方式。

三、灌溉施肥的操作技术

（一）溶解与混匀肥料

施用液态肥料时不需要搅动或混合，一般固态肥料需要与水混合搅拌成液肥，必要时分离，避免出现沉淀等问题。

（二）控制施肥量

施肥时要掌握剂量，注入肥液的适宜浓度大约为灌溉流量的 0.1%。例如灌溉流量为 50 m^3/ 亩，注入肥液大约为 50 L/ 亩；过量施用可能会使作物致死以及环境污染。

附录 3　蔬菜夏季膜、网双层覆盖技术

夏季，汉台区常常是强光高温且有大风暴雨，严重影响蔬菜夏季生产与早秋菜育苗，而棚膜、遮阳网覆盖栽培技术可解决此问题。

一、大棚遮阳覆盖的作用

（一）遮光

遮阳网，使棚内光照强度显著降低，密度规格越大，遮阳效果越好，同样规格黑色比银灰色遮阳效果好。一般黑色的遮光率为 42% ～ 65%，银灰色为 30% ～ 42%。

（二）降温

棚内温度因遮阳网覆盖有所下降，特别是地表和土壤耕作层降温幅度最大，上午 10 时到下午 2 时，大棚上部温度高达 37 ～ 40℃，而地表植株周围温度在 22 ～ 26℃，土壤温度在 18 ～ 22℃之间，适宜作物生长。

（三）保墒防暴雨

棚内蒸发减少，土壤含水量比露地高，表土湿润，且土壤不

易板结。在大棚塑料膜外包盖遮阳网，防暴雨效果更好。

二、技术要点

（1）根据蔬菜种类选用规格合适的遮阳网，通常夏秋绿叶菜类栽培短期覆盖选用黑色遮阳网，秋冬蔬菜夏季育苗选用银灰色遮阳网，且可避蚜。茄果类栽培，最好网膜并用。

（2）在使用遮阳网覆盖时，要求大棚棚顶用塑料薄膜覆盖，可对棚内的苗床起到避雨、降湿、防涝渍的作用。薄膜覆盖于大棚上，应与大棚两侧地面保留不少于 1 m 的距离，大棚四周用薄膜作的围裙应拆除，以保持通风透气，增加降温效果。遮阳网覆盖时，要放在棚膜的外面，即网在上，薄膜在下，将遮阳网覆盖在薄膜的外表，用压膜线或在棚的两侧用绳子将网紧扣在大棚上。网在大棚两侧与地面的距离不应超过 1 m，这样降温效果较好，同时也可减少日光对薄膜的灼射，延长薄膜的使用寿命，还能增强抗风能力。

（3）覆盖时期：在 6 月下旬至 7 月初高温来临时，进行覆盖。覆盖时，可在大棚薄膜外盖上遮阳网，也可将薄膜揭除换上遮阳网覆盖，但四周的棚膜围裙应及时拆除。覆盖时间因蔬菜品种而定。

（4）遮光管理：遮阳网不宜长期盖在棚架上，特别是黑色遮阳网，以免影响植株正常生长，最好上午 10 时～ 11 时盖，下午 4 ～ 5 时揭网。在彻底去网前 3 ～ 4 天，要逐渐缩短盖网时间，使秧苗、植株逐渐适应露地环境。

（5）夏季棚膜、遮阳网覆盖栽培，应用较多的蔬菜为茄子、辣椒、黄瓜，夏甘蓝、夏大白菜、萝卜及雍菜、芹菜。早春定植栽培的秋延后茄果类蔬菜，进入高温季节后，往往生长受阻，病害严重，容易早衰，产量低，品质差。采用遮阳网覆盖，可有效地延缓衰老，延长开花结果期，改善果实的品质，减轻病害，提高产量。对秋季栽培的莴笋、芹菜、萝卜、小白菜、菠菜、芫荽、花椰菜、秋甘蓝、秋番茄等进行覆盖，增产效果亦很显著，且可提前种植，提早上市。如莴笋覆盖后，株高、茎粗增加，上市期比不覆盖的提早 6 ～ 10 天，产量增加 25.4%；芹菜覆盖后，移栽后的成株率比不覆盖的提高 12.9%，单株重增加 16.3%，上市期提早 10 天左右，产量增加 41.2%。

（6）蔬菜夏季覆盖育苗技术要点：播种至出苗遮阳网也可上遮下铺，采用多层覆盖。播种后，遮阳网除用在大棚上覆盖外，同时还要在苗床的表面用作浮面覆盖。在播种后盖网前，苗床一定要打足底水，盖网后的浇水，可用喷壶直接向覆盖苗床的网上喷洒，但一定要均匀细致，防止漏浇。待幼苗一旦出土后，就要及时将覆盖在苗床上的遮阳网揭去，否则，就会形成高脚苗，做到晴天盖、阴雨天揭；白天盖，晚上揭。当遇晴好天气，日最高气温在 30 ～ 35℃时，一般上午 9 时左右盖网，下午 4 时左右揭网；当日最高气温 35℃以上时，要提早盖网和延迟揭网的时间。后期加强炼苗，从秧苗移栽大田前 10 天左右开始，应逐步缩短白天覆盖遮阳网的时间，增加秧苗的光照。移栽前 2 ～ 3 天，将大棚的遮阳网撤去，让秧苗整日暴晒锻炼，促进秧苗在移栽大田后早活棵。

附录 4　蔬菜病虫害绿色防控技术

蔬菜生产坚持以“预防为主、综合防治”的值保方针，以农业防治为基础，协调运用物理防治，生物防治，科学规范使用农药，降低农药残留，从而实现蔬菜生产无公害、绿色化目标。

一、农业防治

选择适宜当地栽培的高产、抗病虫、抗逆性强的优良品种。各种不同科蔬菜实行 2 ～ 4 年轮作换茬。根据不同品种，确定合理的种植密度，防止栽植过密，造成光照不足，使植株生长瘦弱，从而有利于病虫的发生和危害。

在夏秋季节，前茬蔬菜收获后，将土壤深耕暴晒 3 ～ 5 天，随后盖膜闷 5 ～ 7 天，使棚内最高温度达到 70℃，可有效杀灭棚内及土壤地表耕层的病菌和害虫。

在蔬菜生长期间及时把病虫消灭，病枝、病果等摘去，集中烧毁或深埋，减少或避免病菌在植株生长期间相互传染或蔓延。蔬菜收获后要把遗留在地面上的病株残体连根清除干净，带到棚外，进行销毁或深埋，减少病虫侵染源。

二、物理防治

（一）温汤浸种

播种前，蔬菜种子用 55 ～ 60℃温水浸 10 ～ 15 min，浸种时应不断搅拌， 受热均匀。

（二）防虫网阻隔害虫

一般使用 20 ～ 30 目的防虫网就可防止小菜蛾、菜青虫、斜纹夜蛾、甜菜夜蛾，以及蚜虫、潜叶蝇等害虫的侵入。利用防虫网可有效预防害虫发生，减少农药使用量，提高蔬菜产品的质量。

（三）银灰色膜趋避害虫

利用蚜虫对银灰色的负趋向性，通过在棚室通风处悬挂银灰色的薄膜条，或将银灰色薄膜覆盖于地面，驱避蚜虫、烟粉虱等，避蚜效果好。

（四）利用诱杀技术杀灭害虫

利用害虫的趋光性、趋色性杀灭害虫。如利用黄板诱杀蚜虫、白粉虱、斑潜蝇等；还可利用糖醋液诱捕，用性诱剂诱杀小菜蛾、斜纹夜蛾等。

三、生物防治

（一）应用细菌、病毒、抗生素等生物制剂

应用农用链霉素防治十字花科蔬菜软腐病、青枯病等；应用阿维菌素防治菜蛾斑潜蝇、白粉虱、根结线虫等；应用多抗霉素、抗霉菌素防治霜霉病、白粉病等。

（二）应用植物源农药防虫

利用辣椒、烟草浸出液兑水喷雾，可有效防治蚜虫、白粉虱、红蜘蛛等害虫。

四、化学防治

（一）合理选择农药种类、剂型和施药方法

根据病虫害发生种类，选择高效、低毒、低残留农药，优先选用粉尘剂、烟剂，禁止使用高毒、高残留农药。

（二）适时对症用药

在病害发生初期、害虫低龄幼虫期施药，做到适时用药，以减少用药量，提高防治效果。

（三）轮换和交替用药

长期用同一种药剂防治病虫害，容易产生抗药性。特别是一些菊酯类杀虫剂和内吸性杀菌剂，连续使用数年，防治效果会显著降低。轮换和交替用药是克服和延缓抗药性的有效办法，充分发挥农药药效。

（四）注意农药的安全间隔期

严格按照农药使用说明中规定的用药量、用药次数、用药方法，规范使用药剂。严格控制农药使用安全间隔期，在规定的安全间隔期收获，尤其是瓜果菜类，以防止人畜食后中毒。一般在夏季气温高，农药毒性消失较快，施用农药后的安全间隔期为5～7天，春秋季至少7～10天，冬季应在15天以上。

（五）正确混合用药

在多种病虫害同时发生时，要正确复配农药，可以提高防治效果，扩大防治范围。在施药前要掌握药剂的理化性质，相同性质的药剂可以混合，酸性农药与碱性农药不可混合（混合容易发生分解、沉淀，影响药效）。

附录5　蔬菜诱虫板防控技术

诱虫板根据颜色不同设计为黄色诱虫板和蓝色诱虫板，以下简称黄板和蓝板。

一、黄板、蓝板的作用

黄板、蓝板诱杀害虫是一种绿色环保、无公害、无污染、诱虫广谱且易操作、高效的物理防治方法。在农业生产中可减少农药的使用，从而减少农产品的农药残留，达到提质增效的目的。诱虫板根据害虫喜好的颜色不同，设计了不同的颜色。黄板主要诱杀各种粉虱、斑潜蝇、蚜虫、绿盲蝽象、茶小绿叶蝉、黄曲条跳甲等爬、飞、跳的虫类、蛾类。蓝板主要诱杀各种蓟马。

二、黄板、蓝板的使用技术

（一）使用时间和方法

从苗期和定植期起使用，保持不间断使用可有效控制害虫发展。用铁丝或绳子穿过诱虫板的两个悬挂孔，将其固定好，将诱虫板两端拉紧垂直悬挂在温室或大棚上部。在露地环境下，应使用木棍或竹片固定在诱虫板两侧，然后插入地下，固定好。挂板时间一般是从苗期到收获，保持不间断使用。

（二）挂板时间

防治时，用于虫害发生初期。监测时，从作物苗期开始悬挂，每标准棚悬挂 1 ～ 2 块。防治蚜虫、粉虱、叶蝉、斑潜蝇，开始可以悬挂 3 ～ 5 片黄色黏虫板来监测虫口密度，当诱虫板诱虫量增加时，每亩悬挂规格为 25 cm × 30 cm 的黄板 25 ～ 30 块或 20 cm × 30 cm 的黄板 30 ～ 35 块。防治种蝇、蓟马等害虫，每亩悬 25 cm × 40 cm 的蓝板 30 块或 25 cm × 20 cm 蓝板 35 块。具体使用数量应根据诱虫板上黏着的害虫数量增加情况而定。

（三）悬挂方法

悬挂方向以板面与种植行方向一致为宜。用线绳将黄板吊挂在棚中，避免在周边悬挂。

（四）悬挂高度

对于蚜虫最佳悬挂高度为超过作物 5 ～ 10 cm，对于温室白粉虱的防治需适当向下调整黄板悬挂高度，以和作物平齐为佳。

（五）悬挂数量

选择规格为 20 cm × 30 cm，30 ～ 45 张 / 亩（棚）。

（六）更换时间

当诱虫板因受风吹日晒及雨水冲刷而失去黏着力时应及时更换。当害虫布满诱虫板无法再黏害虫时可以更换诱虫板。

（七）其他

诱虫板的使用如能与其他综合防治措施（杀虫灯、性诱剂等）配合使用，将更为有效地控制害虫危害。

三、诱虫板使用注意事项

1. 诱虫色板开始使用时间应以作物定苗后为宜，可以有效地控制害虫的繁殖数量和蔓延速度，并随作物的长高而提升黏虫板的高度。

2. 诱虫色板应选用耐雨淋、耐紫外线的产品。黏胶的主要成分为无毒压敏胶，如不小心粘在手上，可用清洁剂或溶剂清洗。

3. 由于白粉虱的趋嫩性，对于白粉虱的防治挂黄板时间应适当提早，并根据作物的长势适当调整黄板高度。

4. 黄板具有良好的持效性，在温室环境中可持续使用 60 天。在高峰期注意黄板上蚜虫密度过高可适当换板。

5. 诱虫色板应与其他综合防治措施配合使用，才能更有效地控制害虫为害。

附录 6　夏季大雨过后蔬菜田间管理技巧

夏季，强降雨天气常常对蔬菜生产带来威胁，让部分即将采收上市的夏季蔬菜遭受积水浸泡、泥浆掩埋等不同程度损害。为搞好生产自救，减轻经济损失，提醒广大菜农积极应对，切实加强田间管理。

一、排除积水

利用停雨间歇时间，深挖并疏通菜田周围排水沟，做到沟沟相通，快速排水，对于地势低洼积水严重的地块，可用机器排水，以迅速降低土壤湿度，避免长期浸泡导致的蔬菜烂根死亡。

二、扶苗洗苗

被雨水冲击倒伏的蔬菜，应及时扶正，清除蔬菜茎秆及叶片附着的泥沙，并用清水清洗，以增强叶片透气性、恢复光合作用，促进蔬菜生长。

三、疏减枝叶、适当遮阳

大雨过后如遇连晴，会增加植株蒸腾量，导致蔬菜迅速萎蔫，因此受淹的蔬菜应尽快摘除老叶、黄叶、烂叶，叶片过密的植株要适当减少叶片，以减少蒸腾量，同时可适当遮阴，减少暴晒。

四、及时中耕施肥

雨后，对排涝完毕的菜地应尽早中耕，破除土壤板结，增强土壤透气性，促进根系生长，同时起到保墒除草的作用；菜地受淹后，养分流失严重，应结合中耕，及时补充氮、磷、钾肥或其他复合肥，促进蔬菜生长，增强抗逆性，追肥可采取条施、穴施，也可以根外喷施叶面肥。

五、严防病虫害发生

大雨过后，田间湿度较大，且蔬菜植株伤口较多，应在湿度下降后，及时喷施杀菌剂，防止病原菌从伤口入侵，可针对不同病害，使用兼顾预防和治疗的杀菌剂；与此同时，棉铃虫、烟青虫、红蜘蛛等害虫也会借机在茄果类蔬菜上大面积发生，也应及时防治。在防治病害的同时要及时进行田园清洁，尽快清除蔬菜的黄叶、烂叶、残余病株，防止病源滋生。

主要参考文献

[1] 王迪轩，王雅琴，何永梅．图说大棚蔬菜栽培关键技术 [M]. 化学工业出版社，2018.

[2] 康忠宝，谢红．设施蔬菜栽培技术 [M]. 中国农业出版社，2013.

[3] 吴强，张亚侠，杨国兴．汉中大棚番茄品种比较试验 [J]. 陕西农业科学，2023, 69(04):61–63.

[4] 王贺祥．食用菌栽培技术 [M]. 中央广播电视大学出版社，2005.

[5] 边银丙，王鹤祥，申进文．食用菌栽培学 [M]. 高等教育出版社，2017.

[6] 丁德宽，王雅琴，何永梅．陕南柑橘 [M]. 中国农业科学技术出版社，2019.

[7] 周开隆，叶荫民．中国果树志 (柑橘卷)[M]. 中国林业出版社，2010.

[8] 雷玉山．猕猴桃无公害生产技术 [M]. 西北农林科技大学出版社，2010.

[9] 韩凤珠，赵岩，王家民．图说大樱桃温室高效栽培关键技术 [M]. 金盾出版社，2006.

[10] 王启华．大棚草莓高产优质栽培技术 [J]. 农家参谋， 2022(21): 46–48.

[11] 辛艳．露地西瓜高产栽培技术要点 [J]. 天津农林科技，2003(04): 10–11.

[12] 赵相燕．柑橘炭疽病综合防治技术 [J]. 云南农业， 2016, 000(008): 34–35.

[13] 赖传雅，袁高庆．农业植物病理学 [M]. 北京：科学出版社，2008.